この数学, いったいいつ使うことになるの？

Hal Saunders 著

森 園子・猪飼 輝子・二宮 智子 訳

共立出版

WHEN ARE WE EVER GONNA HAVE TO USE THIS?
by HAL SAUNDERS

Authorized translation from the English language edition, entitled
WHEN ARE WE EVER GONNA HAVE TO USE THIS? BOOK COPYRIGHT 1990, 1st Edition
by SAUNDERS; published by Pearson Education, Inc.,
publishing as DALE SEYMOUR PUBLICATIONS, Copyright © 1990

All rights reserved. No part of this book may be reproduced or transmitted in any form or by any means, electronic
or mechanical, including photocopying, recording or by any information storage retrieval system, without permission
from Pearson Education, Inc.

JAPANESE language edition published by KYORITSU SHUPPAN CO., LTD., Copyright ©2019

JAPANESE translation rights arranged with PEARSON EDUCATION, INC.,
through JAPAN UNI AGENCY, INC., TOKYO, JAPAN

訳者まえがき

■「この数学,いったいいつ使うことになるの?」と聞かれたら…

「この数学,いったいいつ使うことになるの?」と問われて返答に困る教員は多いと思います。自戒を込めて申し上げれば,私自身も,自分の教えている数学の内容が,将来どのような場(職業)で使われているかを知らずに教壇に立っていたように思います。もっとも,日本の現状では「受験に必要だから」と答えれば,それで「すべて!」だったのですが………。

この質問の答えとして「数学は,すべての理論や技術の礎になっているから」という答えがあります。この答えは真実で非常に意味深いのですが,具体的には今一つイメージが描けません。生徒がその決定を目前に迫られている進路選択とも結びつきません。数学を学ぶ理由としてはもう少し,具体的な説得力を持った形で示すことが望まれます。

職業と数学の内容を結びつけた原書の視点は,日本にはない視点であり,また,欠けている視点だと言えます。是非,数学や数学を取り巻く分野の方々に,このような視点を紹介したいと翻訳・出版を考えました。

原書との出会いは,二宮智子氏が米国カリフォルニア州・GUNN High Schoolを訪問調査した際(2009年8月),職業と数学の内容についての一覧表(100種の職業)を見つけたのが,そもそものきっかけです。このたびようやく出版の運びとなりました。

■「職業と数学の内容についての一覧表(100種の職業)」

先に述べた原書の「職業と数学の内容についての一覧表(100種の職業)」は実に圧巻ですが,契約上の理由により本書に掲載できません。残念なことです。その代わりに,本書における「職業と数学の内容についての一覧表(84種の職業)」を,森が作成し掲載しました。xii〜xvページをご覧ください。原書の一覧表ほどのインパクトはありませんが,その雰囲気を感じ取っていただけると思います。

少々,翻訳を通して垣間見る米国の文化について触れましょう。

■ 翻訳を通して垣間見る，米国の文化

① 米国の文化
　設問を読むと，家屋や部屋のインテリアのようす，フードスタンプ，キオプラン(年金制度)，ファンド，株式，税金の仕組みなど，読むだけでも米国の文化や生活が感じられ楽しい一面があります。

② 単位の換算
　米国においては分野や職種ごとに種々の単位が用いられ，実に多様でその換算に追われます。単位の換算に関しては百科事典や理科年表で調べられますが，とりあえず必要な単位の換算表(ヤード・ポンド法による単位一覧)を，訳者の方で作成し入れておきました(xviページ)。ご活用ください。また，実際のデータを取り扱っているために，計算が煩雑で四捨五入をよく用います。現実の社会では，このような数値の取り扱いが多いのでしょう。教室では電卓およびコンピュータの利用を薦めます。

③ 求められる読解力とモデル化
　設問で取り扱っている場面は現実の場面です。設問では，与えられた条件が必ずしも数学的な必要十分条件にはなっていない，つまり，その場面の説明をしているけれど，余計な条件や数値が入っているので，その状況から必要な条件や数値を抽出し見出さなければならないといった場合も多くあります。現実の場面を分析してモデル化する力および，読解力が必要とされるのです。

④ 職業名
　職業名は，日本における職業名を考慮して訳しました。本書における職業は1990年代のアメリカにおける職業です。米国と日本の社会的相違があり，さらに第4次産業革命と呼ばれるほどの大きな社会変革の只中にある現在，職業も雇用形態も大きく変容しています。是非，日本においてもこのような調査を行い，この日本版・現代版を作成されることを望みます。

■ 解答と解説
　解答は原書ではほとんどが答のみですが，読みやすさ・使いやすさを考慮し，適宜，解説や図などを加筆しました。濃度の問題などでは，薬学・看護・その他の分野で取り扱う濃度の定義は，数学で取り扱う濃度と異なっていたりします。また，四捨五入においても会計監査における四捨五入は，数学で取り扱う四捨五入とは異なっています。つまり，数学の問題と実際の各分野では考え方やとら

え方が異なる場合があるのです．それも訳注として加筆しました．

　本書は，生徒に「この数学，いったいいつ使うことになるの？」と聞かれたら…，その質問に答えることを1つの目的としています．しかし，ある意味で，①数学を今までとは異なった視点からとらえている，②他分野との関わりを指摘，図っている，③生活空間を数学的な目でとらえている，④生徒が職業に必要な数学の内容を知り，数学を自らの進路や人生に取り入れることを促している，と言えます．日本の数学教育に欠けている側面を豊かにとらえているとも言えるでしょう．

　著者が行った調査をさらに深く行えば，もっともっといろいろな数学の内容が含まれていることでしょう．生徒達が，各専門分野，生活空間に数学がいっぱい溢れていることを実感し，その有用性や重要性，価値を発見する良い機会なのではないでしょうか？

　本書の翻訳におきましては，難解な場面設定をとても正確に，わかりやすい翻訳を指導し，全面に渡ってご尽力いただきました猪飼輝子氏に心より感謝を申し上げます．また，長い間辛抱強く編集にあたり，尽くしてくださった共立出版の中川暢子氏，関係各分野からアドバイスをくださった方々に感謝のことばを申し上げます．

2019年4月

森　園子

まえがき

　数学の教員として，私たちは教えている内容の多くが実際的な価値があると信じています。しかし，私たち数学教師の大多数は，数学以外の分野には，ほとんど，あるいはまったく経験がないために，用いている教材の様々な応用に慣れていません。私たちが頼っている教科書が，以下のような問題を掲載していても，実際には大して役に立たないのです。

　ジョーは，前庭の芝生に腰を下ろして通過する自動車の台数を数えています。最初の30台のうち12台が黒い自動車でした。黒い自動車の割合は何パーセントでしょう。

　「そんなこと，誰が気にしているの？」
と普通の中学生なら言うでしょう。また，一見，実際的な価値を持っていると思われる問題もあります。

　12フィートのはしごを建物に立て掛けます。9フィートの高さにある窓に届くためには，はしごの下端を建物の土台部分からどのくらい離さなければならないでしょう？

　壁にはしごを立て掛けて，目で見て距離を知ればいいのに，あえてピタゴラスの定理を使う人がどれだけいるでしょうか？

　「いったいいつ使うことになるの？」という生徒の質問に，いつも答えられるわけではなかったので，私は思い切って外の実世界に出て，その答えを探す決心をしました。100の異なった職業を代表する人々に訪問取材をし，約60の数学の項目のうち，どれをどのように用いているのかを聞きました。その結果として，冒頭の一覧表を作成し，本書の435題の文章題をまとめることができました[※1]。

■ 文章題を活用する

　文章題は，2つの方法で活用することができます。

　もし，ある数学の内容を学習し，それがどのように実社会で使われているのだろう？と思ったら，その項目を取り扱っている章を参照してください。同様に，

※1　本書では，契約上の理由により原書のうち401題を掲載しています。それに従って，xii～xvページの一覧表も訳者が作成しました。

ある職業において，どのような数学が用いられているかを知りたいのなら，索引を参照してください[※2]。その職業で取り扱われている問題が挙げられています。

　各章の問題は，職業別に並んでいます。難易度順ではありません。しかし，職業名に続くローマ数字はその問題の難易度（I やさしい，II 中くらい，III 挑戦問題）を表しています[※3]。多くの問題で，まず，どういう時にそのような問題に出会うかを説明し，複雑な問題には，解き方やヒントを添えました。実際の数字を用いているため，難解な問題に対しては電卓を利用してください。

　大多数の問題は，訪問調査やアンケート調査から作成したものです。しかし，実際にその職業や業務で使っている問題を尋ねると，トレーニングマニュアルやコードブックを挙げた人もいます。これらの資料は，文献一覧に掲載しました。

　＊マークの付いた，いくつかの問題は，"*Mathematics for the Trade: A Guided Approach*" by Robert A. Carman and Hal M. Sanders (John Willey and Sons, New York, 1981) から引用しています[※4]。この本の題材を集めることにおいても，本書と同じ調査方法を用いました。

　本書 "*When Are We Ever Gonna Have to Use This ?*" の改訂第3版にあたっては，新たな法律や手続き，現時点の価格やコストを反映させたために，もともとの問題をアップデートしたり，差し替えた問題も多くあります。また，いくつかの新しい問題を追加し，さらに，「初歩の代数」の2つの新しい項，数式と一次方程式を加えました。

■ 一覧表を活用する

　調査で挙げられた数学の項目は，文章題によってすべて網羅することはできないので，100の異なった職業で用いられるすべての数学の項目については，冒頭の一覧表にして示しました。この一覧表は，文章題と同様，相互参照できるようになっています。つまり，特定の数学の内容を用いるすべての職業を見つけることも，特定の職業で用いられるすべての数学の内容を見つけることもできます。

　この一覧表の目的は，どんな数学の内容が，様々な職業のなかで，実際にどのように応用されているかを示すことです。いくつかの職種，特に医療分野（医師，歯科医など）においては，その職業の資格を得るために要求される数学は，実際

[※2] 本書では，xii〜xvi ページの表を参照してください。
[※3] 本書では，難易度を★で表しました（I ★，II ★★，III ★★★）。
[※4] 契約上の理由により＊マークの付いた問題は本書には掲載しておりません。

に仕事で用いられる数学のレベルを遥かに超えています。このことは,医療分野の人々が,数学を実際に仕事で使うために理解するとともに,さらに進んだ数学を知り,その分野における研究をするための手段や方法を理解することが必要とされることを意味しています。

　一覧表は,訪問調査した人々にとっては正確な表ですが,同じ職業についているすべての人が,同じ量の数学を用いるわけではないということに注意しなければなりません。同じ職種でも,業務内容が異なる場合があります。また,数学の利用方法の違いは,それぞれ数学を学んだ背景の相違にも依っています。数学をより深く学んだ人は,数学をより多く活用し,それゆえ,より効率的に仕事をこなす傾向があります。たとえば,数学に強い弁護士は,より技術的な事例を取り扱うことができます。三角法ができる板金業者は,そうでない人よりもずっと需要が多い。代数が使えるビジネスマネージャーは,時間や費用を節約する計算式を立てることができます。一般に,数学教師が長年説き続けてきたことであり,ここでも繰り返しになりますが,より良いやり方・方法を思いつくのです。つまり,数学的背景が強い人ほどより多くの仕事ができるだけでなく,多くの仕事に成功を伴うのです。

　NCTM[※5]では,1980年代,1990年代のカリキュラムにおける適切な文章題の利用を促進していますが,私は,本書がそのような文章題の有益な資料となることを望んでいます。また,「この数学,いったいいつ使うことになるの?」という生徒の疑問に,みなさまが答える手助けになることを望みます。

Hal M. Saunders
Santa Barbara, California

※5　NCTM: National Council of Teachers of Mathematics：米国数学教師評議会。

謝　辞

　本書の執筆・出版においては, 友人, 同僚に多大なご助力とお力添えをいただきました。ここに感謝の言葉を申し上げます。

　Helen Barron, Bob Carman, Laurie Carman, Lyn Carman, Mike Champe, Wayne Cole, Marlinde Jurgensen, Linda Lyon, Rick Mokler, Steve Rainen and Peter Walsh at the Computer Shop,

　そしてわが妻Chrissy, 彼女からはこの第3改訂版の調査にあたり特別な支援を受けました。

　さらに, 以下の方々からは問題の提供やアイデアをいただきました。

　Tracy Abels, Richard Achey, Gloria Acunia, Sam Alfano, Bob Alvord, M. E. Appel, Edward Arbuckle, Ugo Arnoldi, Steve Backland, Lee Banson, M. Scott Barnes, Brian Barnwell, Steve Bartnicki, Chief Kenneth Bishop, Jack L. Bivins, Robert Blau, Bob Blecker, James Bradsberry, Jim Brown, Sgt. Quentin Brown, Lars Bruun-Anderson, Karyle Butcher, Yvonne Chan, Jim Chesher, Captain William Christiansen, Marjorie Clark, Stephen Clark, Larry Cochran, John Coleman, Joseph Connell, Steve Cooley, Harold Cooper, Pat Damron, Bonnie De Simone, Harry Dickinson, Michael Dockery, George Dumas, Dennis Ensign, Anna Estrada, John Evans, Howard Feinstein, Marjorie Finkelson, Larry Finley, Bryon Forbes, L. R. Ford, Dennis Frederick, Doug Geneau, Tom Giordano, Officer Kenneth Gouff, Roger Grigsby, Art Grossman, Dave Haggard, Bill Hamilton, Bill Hanna, Walter Hausz, Howard Hawthorne, Derek Hedges, Bill Heidler, Robert Holmes, Mike Hopkins, Larry Hornberger, Dougal House, Phyllis Ingers, Peter Jackson, W. H. Jago, Carl Jeffries, Steve Jones, Clifford Jourdan, Chuck Kelsey, Dr. Ronald Kemp, Robert L. Kingery, Art Kluge, J. C. Lansing, John Lippis, Gerald Little, Shelly Lowenkopf, Lynn Lown, Norman H. Macleod, Alan Manet, Rex Marchbanks, Anthony Marino, Jill Marino, Peggy Martin, Serge Matlovsky, Janet McCann, Al McCurdy, Pete McGowan, John McKee, Jim McKinney, Ralph McNall, John Merritt, John J. Michael, Barbara Mokler, Bernard E. Monahan, Baker Moore, Don Morrison, Brad Nagle, Bernard Parent, William Pence, Jamie Pfeiffer, Jim Pollock, Mike Pyzell, Robert Rankin, Emil Richter, Clark Ritchie, R. A. Ritchie, Ralph Remick, Fred Rice, David Rood, Elliot Rosenblum, Betty Rosness, Galen Sandwisch, Lee Schaller, James Selover, Ken Shamordola, Gary Shaw, Cliff Sprague, Claus Stapleman, George Stockton, Gary Stoll, Joann Sullins, Dan Sullivan, William Sykes, George Taylor, Steve Turnbull, Dennis Wagner, Jim Wahl, Dave Waite, Dan Waltmann, Dr. Alan A. Wilcox, Julie Wood, Jim Wootton, Jim Wright, Morris Zimmerman

　加えて, 冒頭に記載した一覧表実証のために, 面接にご協力いただいた多くの皆様に感謝の言葉を申し上げます。

目 次

職業と数学の内容についての一覧表　*xii*

Part 1 一般的な算数・計算　1
いったい いつ使うことになるの？

分数　*2*
小数　*9*
平均　*20*
比率と割合　*26*
百分率（％）　*37*
統計グラフ　*55*
その他の項目　*63*
　素早い計算が必要なとき…　*63*
　四捨五入して丸めると…　*63*
　10進数以外の数値を扱う…　*65*
　科学的 (累乗による) 表記法で…　*66*
　確率は…　*67*
　負数で表すと…　*68*

Part 2 実用的な幾何学　69
いったい いつ使うことになるの？

計測と換算　*70*
面積と周の長さ　*77*
体積・容積　*90*
ピタゴラスの定理　*96*

Part 3 初歩の代数　99
いったい いつ使うことになるの？

数式　*100*
一次方程式　*121*

解答　131

文献一覧　*184*

職業と数学の内容についての一覧表

数字はページ数(問題番号)を表す。

職業・専門分野 (五十音順)	一般的な算数・計算					
	分数	小数	平均	比率と割合	百分率(%)	統計グラフ
石積工事請負業		14(15)				
印刷業	7(25)	16(25,26,27)	24(18)	34(36,37,38)	49(50,51)	
インテリアデザイナー	6(16)	14(14)			46(37,38)	
請負業				29(13),32(25)	40(15,16)	
営業(コンピュータ)						
栄養士	4(10)				41(19,20)	
会計監査						
会計システムアナリスト				26(1)		
海洋学者(生物系)						
家電店主任		10(3)	21(4)	27(5)	38(7),39(8,9,10)	
株式仲買人	8(29)	19(36)	25(20)	36(43)	52(63,64), 53(65,66)	
カメラマン	7(22)			33(33)		
環境アナリスト				29(15,16)		
環境生物学者				27(7)		
看護師	6(18,19,20,21)	15(18)		33(29,30)		
機械工						
技術研究員					54(67)	
気象予報士			23(13)		47(42)	59(6)
客室乗務員					37(4)	
給与支払担当者		15(19)				
クリーニング(カーペット)		12(8)		27(8,9)		
警察官		15(23)	24(17)		48(48)	59(7)
経理		13(10)	20(1), 21(7)		37(1)	
経理(病院)				29(14)	41(17,18)	
経理担当					48(45)	
建築士		10(5)		29(13)	40(11)	
建設資材受注担当				28(12)	40(15)	
航海士						
航空管制官						
航空整備士	2(2,3,4)	9(1,2)	20(2)	26(3)	38(5,6)	55(1)
広告代理店	2(1)				37(3)	
仕入担当						
司書					47(40)	
システムエンジニア	3(9)					
自動車整備士	3(7)	11(6)			40(13)	
社会福祉士	8(28)	18(35)			51(62)	
獣医				36(45)	54(69)	
出版業(受注担当)					49(52)	
出版業(製作担当)	7(26)	16(28), 17(29,30,31)			49(53), 50(54)	
消防士		13(12)	22(8)			
ショッピングモール管理運営				26(2)	37(2)	

xii

一般的な算数・計算	実用的な幾何学				初歩の代数	
その他の項目	計測と換算	面積と周の長さ	体積・容積	ピタゴラスの定理	数式	一次方程式
		80(10),86(24)	93(15)			
68(17)	76(25)	87(29,30)	95(21)			
	72(12),73(13),74(14)	84(18,19)				
	71(7)	81(11)	92(9),93(14)			
	74(15)					
	71(4,5,6)					
64(4)					101(4)	
					114(35)	
63(3)		78(3)				
		86(27)		98(5)	116(37)	
63(2)					106(13)	
	75(21)					
		85(22),86(23)			113(33)	
65(7,8,9,10),66(13),67(15)		89(36)			118(43)	
	75(18)	86(25)		97(3,4)		
					100(2)	
			90(1)		100(1)	121(1)
	71(7)	78(4)				
	70(2,3)	80(10)	91(8)			
68(16)						126(15)
					101(3)	
	70(1)	77(2)	90(2)			
					116(38)	
						121(2)
						127(20)
64(5)			92(10)		108(19,20,21),109(22)	
		77(1)				

職業・専門分野 (五十音順)	一般的な算数・計算					
	分数	小数	平均	比率と割合	百分率（%）	統計グラフ
人材派遣会社スタッフ		19(38,39)		36(44)		62(9)
森林管理計画				30(20,21,22)		
森林公園管理			22(10)		42(24),43(25)	
生産技術者				31(23,24)	45(33,34)	58(4)
製図工	4(11), 5(12)			29(13)		
税理士（所得税）	5(13,14)		23(12)		44(28,29,30,31,32)	
石油技術者		15(20)				
選挙運動責任者	7(24)	16(24)		34(35)	49(49)	
造園業				32(25)	46(39)	
測量士		19(37)				
大工	3(8)	11(7)			40(14)	
地質調査					43(26)	
地図製作						
データ処理						
テレビ修理技術者						
電気技術者		13(11)				
電気検査業務					41(21),42(22)	
電気工						
塗装請負業						
塗装業					48(44)	
土木技師		12(9),19(37)		28(10,11),32(25)	40(11),46(39)	
農業指導員				29(17,18),30(19)		
ハイウェイパトロール隊員		13(13)				56(2,3)
配管検査員	7(23)	15(21,22)			48(47)	
配管工	7(23)	15(21,22)		33(34)	48(47)	
バイク修理販売			23(14)	32(27,28)	47(43)	
廃水処理業		19(40)	25(22)		54(70,71)	
パイロット	3(5)	9(2)	20(3)	26(3,4)	38(6)	55(1)
不動産鑑定士		10(4)	21(5)			
不動産業	8(27)	18(32)	24(19)	34(39),35(40)	50(55,56,57),51(58,59)	61(8)
不動産所有権保険業務	8(30)					
プログラマー			21(6)			
弁護士	3(6)			27(6)	40(12)	
防火管理者			22(9)		42(23)	
保険金査定業務	5(15)					
保険代理業					45(35,36)	
水資源管理者			22(11)		44(27)	
メガネ技師			23(15)			
薬剤師			24(16)	33(31,32)	48(46)	
旅行代理店	8(31)		25(21)		54(68)	
臨床検査技師	6(17)	14(16,17)		32(26)	47(41)	58(5)
冷暖房工事		18(34)				
ローン業務		18(33)		35(41,42)	40(16),51(60,61)	

一般的な算数・計算	実用的な幾何学				初歩の代数	
その他の項目	計測と換算	面積と周の長さ	体積・容積	ピタゴラスの定理	数式	一次方程式
					119(46,47)	128(21)
		81(12)		96(1)	110(24)	
		81(13)				
67(14)	72(11)	83(16)	92(13)	96(2)	111(26,27)	
	71(7)					
		83(15)			110(25)	125(13)
					115(36)	126(16)
						127(19)
		84(20),85(21)	93(14)		113(31,32)	
	71(7)	79(6,7)				
			92(11)			
					101(5)	
65(7,8,9)					118(44),119(45)	
66(11)					105(10,11)	122(7),123(8,9)
					105(12)	
						124(10)
		86(26)				
		79(8,9)	90(4),91(5,6,7)		102(6,7),103(8),104(9),106(14),113(32)	121(3),122(4,5,6)
	71(8)				106(14),107(15,16,17),108(18),113(31)	124(11)
					111(28),112(29,30)	
	76(23)	87(28)	94(18,19,20)	98(6)		
	76(23,24)	87(28)	94(18,19,20)	98(6)		
	75(19,20)		94(17)			
		89(37)	95(23,24,25)		120(48,49)	129(23,24)
63(1)				97(3)		
		87(31,32),88(33)				
65(7,8,9)						
		78(5)	90(3)			
					109(23)	
					111(28),112(29,30)	
		84(17)				
	72(9,10)	82(14)	92(12)			124(12)
	76(22)					126(17),127(18)
						128(22)
65(6),66(12)	74(16,17)		93(16)		114(34)	125(14)
		88(34,35)	95(22)		116(39),117(40,41),118(42)	

ヤード・ポンド法による単位一覧

量		名称		記号	定義	SIによる定義
長さ		インチ	Inche	in	12 line	25.4 mm
		フィート	Feet	ft	12 in	0.3048 m
		ヤード	Yard	yd	3 ft	0.9144 m
		ロッド	Rod	rod	5.5 yd	5.0292 m
		チェイン	Chain	chain	22 yd	20.1168 m
		ファーロング	Furlong	furlong	10 chain	201.138 m
		マイル	Mile	mile	8 furlong	1609.334 m
重量		グレーン	Grain	gr	1/7000 lb	64.79891 mg
		ドラム	Dram	dr	1/16 oz	1.7718 g
		オンス	Ounce	oz		28.349523 g
		ポンド	Pound	lb	16 oz	0.453592368 kg
		ストーン	Stone		14 lb	6.350293152 kg
		ショートトン	Short Ton	s.t.	2000 lb	907.184736 kg
		ロングトン	Long Ton	l.t.	2240 lb	1016.0469 kg
容積	米	ミニム	Minim	min	1/60 dram	
		液量ドラム	Fluid Dram	fldr	1/8 floz	3.6967 cm³
		液量オンス	Fluid Ounce	floz		29.57353 cm³
		液量パイント	Fluid Pint	pt	16 floz	0.473176 dm³
		液量クォート	Quart	qt	2 pt	0.946353 dm³
		ガロン	Gallon	gal	4 quart	3.785412 dm³
		バレル	Barrel	bl	42 gal	158.98764 dm³
	英	ミニム	Minim	min	1/60 dram	
		液量ドラム	Fluid Dram	fldr	1/8 floz	3.5517 cm³
		液量オンス	Fluid Ounce	floz		28.4134 cm³
		液量パイント	Fluid Pint	pt	20 floz	0.568262 dm³
		液量クォート	Quart	qt	2 pt	1.136524 dm³
		ガロン	Gallon	gal	4 quart	4.54609 dm³
面積		エーカー	Acre	acre	10 chain²	4046.856 m²
温度		華氏	Fahrenheit	°F		9/5×T+32(℃)
エネルギー・仕事・熱量	英	ビーティーユー	British thermal unit	Btu, BTU	1055.06 J	252〜253カロリー
速さ(船・航空機)		ノット	knot	kn, kt		1.852 km/時
貨幣価値		ドル	dollar	$	100セント	

国際単位系　SI：Le Système International d'Unités

Part 1

一般的な
算数・計算

いったいいつ使うことになるの？

分数　2　　百分率（％）　37

小数　9　　統計グラフ　55

平均　20　　その他の項目　63

比率と割合　26

いったいいつ使うことになるの？

分数

1. 広告代理店　難易度 ★☆☆

広告代理店が新聞に$6\frac{1}{2}$c.i.（コラムインチ）[※1], $5\frac{3}{4}$c.i., $3\frac{1}{4}$c.i., $4\frac{3}{4}$c.i., および5c.i.の広告を掲載した。料金は1c.i.当たり16ドルである。この広告の合計金額を計算せよ。

2. 航空整備士　難易度 ★☆☆

ある飛行機の「補助翼垂れ板」は$\frac{7}{8}$インチ±$\frac{1}{4}$インチに調整しなければならない。この"遊び"（トレランスという）を考慮すると，垂れ板の許容される最大値は？

3. 航空整備士　難易度 ★★☆

長さ$33\frac{1}{2}$インチのチューブから長さ$9\frac{5}{8}$インチのチューブを切り取る。切断幅に$\frac{1}{16}$インチ取ると残る長さは？

4. 航空整備士　難易度 ★★★

ドリルのサイズは分数で表示されるが，設計図の寸法は小数で表示される場合が多い。設計図で0.391インチの穴が求められている。ドリルでくり抜く穴は，この穴より$\frac{1}{64}$インチだけ小さくなければならない。この場合のドリルのサイズを分数で求めよ。

●ヒント：小数のサイズを分母64の分数に変換すること。

※1　c.i.（コラムインチ）：「段の横幅×1インチの高さ」の面積を表す。新聞・雑誌の広告料金単位。

5. パイロット

難易度 ★★★

飛行機が1時間に$7\frac{1}{2}$ガロンの割合で燃料を消費している。残りは18ガロンある。燃料はあと何時間もつか？

6. 弁護士

難易度 ★★★

司法省は，セージブラッシ独立学区に対して，障害ある子供たちのために特殊な教育備品を購入するよう求めている。この事例を扱う弁護士は，翌教育年度の予算総額をまず裁判所に提示する必要がある。

この学区への州の助成金は，1日平均出席人数1名につき105ドルとなる。さらに，地元資金は固定資産税の増額により地元予算総額の$\frac{7}{12}$増しとなる。

1日の平均出席人数は35,185名と見積もられる。地元の予算総額は2,150,000ドルであり，連邦資金は35,000,000ドルである。州の助成金，地元資金の増額分，およびセージブラッシ学区に対する予算総額を算出せよ。

7. 自動車整備士

難易度 ★★★

ノギスで測ると1.234インチのベアリングを取り替える必要がある。ベアリングの寸法は1インチの64分のいくつで表すため，最も近い分数値を求めよ。

8. 大工

難易度 ★★★

ツーバイフォー材の仕上げ幅は約$3\frac{1}{2}$インチである。幅26フィート8インチのデッキを完成させるのにツーバイフォー材は何本必要か？　但し，各材の隙間の幅はないものとする。

● 1フィート＝12インチ

9. システムエンジニア

難易度 ★★★

システムエンジニアがコンピュータ購入の利点を客に説明する場合，一定期間にわたり減価償却という税法上のメリットがあることを説明する。定額償却法を使って，販売価格10,000ドル，残存価額1000ドルのコンピュータを5年にわたり償却するとする。税法上の年間償却額は9000ドル（販売価格と残存価額の差額）の$\frac{1}{5}$，すなわち1800ドルとなるはずである。

販売価格が16,000ドルで残存価額が1500ドルのコンピュータを5年間にわたって減価償却する場合の年間の償却額を求めよ。

10. 栄養士

入院中の糖尿病患者にはしっかり管理された2000カロリーの食べものが1日5回に分けて配膳される。食事は2回で，毎回総カロリーの$\frac{2}{7}$ずつ摂取する。軽食も3回あり，毎回総カロリーの$\frac{1}{7}$ずつ摂取する。食事と軽食の1回ずつのカロリー数を求めよ。

11. 製図工

高さ30インチのキャビネットに厚さ4インチの底板と$1\frac{1}{2}$インチの上板が必要である。残る長さに同じサイズの引出し4段と，引出しの間に$\frac{3}{4}$インチずつとる。各引出しの高さは？

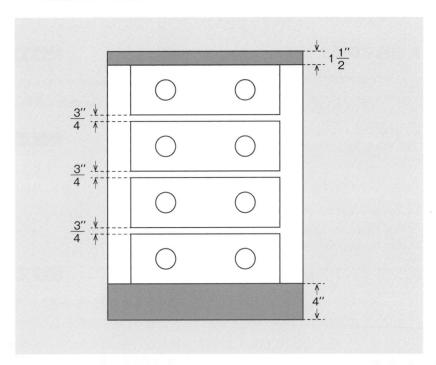

12. 製図工

長さ10フィートのキャビネットに扉が5枚ついている。扉と扉の間と，両端には幅$1\frac{1}{2}$インチの縦枠がある。扉1枚の幅は？（$\frac{1}{16}$インチの倍数に丸めよ。）

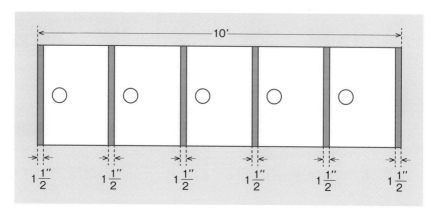

13. 税理士（所得税）

依頼人とその妻は，別の人物との共有である家屋の$\frac{2}{5}$を所有している。課税年度中にこの家を売却して25,400ドルを得た。この夫婦が手にできる金額は？

14. 税理士（所得税）

あるビジネスのローンの利息総額は3年間で150ドルである。借り手は課税年内の8か月間だけこのローンを借りた。

    a. この年に控除できる利息の割合はいくらか？
    b. その金額は？

15. 保険金査定業務

保険金の支払額は，通常はその物品の減価償却費を基礎にして決定する。残る耐用年数が半分になった物品に盗難や破損があれば，当初の価格の半額に等しい金額に対して，保険金の支払いがあるはずである。5か月間使用したバッテリが盗難にあった場合に，そのバッテリの新品の価格が45ドルで36か月保証つきの場合，その減価償却費を求めよ。

16. インテリアデザイナー　難易度 ★☆☆

顧客は，コリアンという合成材料でできた厚さ3インチの暖炉フロントを希望している。コリアンが $\frac{3}{4}$ インチの厚さのシートで入荷するとき，何枚注文すればよいか？

17. 臨床検査技師　難易度 ★★☆

血液サンプルからある種の疾病の可能性を決定するために，臨床検査技師は，血清と反応する最も希釈率の高い血液を作る必要がある。そのために何回か希釈を重ねていくが，まず $\frac{1}{2}$ ミリリットルの血液を $\frac{1}{2}$ ミリリットルの水と混合し，さらに，この最初の希釈液の $\frac{1}{2}$ ミリリットルを再度 $\frac{1}{2}$ ミリリットルの水と混合して第2の希釈液を得る。同様にして血液を希釈し続けて10回目の希釈血液を最終とし，これを血清と反応させることになる。10回目に希釈された血液の濃度を分数で示せ。

18. 看護師　難易度 ★★★

医師は，患者に8時間以上をかけて1000ccの静脈点滴を行うように処方した。看護師は点滴の速度を決めなければならない。1ccあたり15滴落下する場合，1分当たりに何滴落とせばよいか？

19. 看護師　難易度 ★☆☆

医師は患者にある薬を25グレーン[※2]処方したが，この薬は10グレーンの錠剤しかない。患者には何錠渡すか？

20. 看護師　難易度 ★★★

医師がある薬を20グレーン処方したが，この薬は500mgの錠剤しかない。500mgの錠剤が $8\frac{1}{3}$ グレーンに等しいなら，患者には何錠渡すか？

21. 看護師　難易度 ★★☆

医師が $\frac{1}{400}$ グレーンの薬剤を処方した。看護師のもとには1cc（立方センチメートル）につき $\frac{1}{200}$ グレーンというラベルが付いている薬品ビンがある。患者には何cc渡すか？

※2　グレーンは重さを量る最小単位。

いったいいつ使うことになるの？ 分数

22. カメラマン　　　　　　　　　　　難易度 ★★★

縦10インチ×横8インチの写真を，縦14インチ×横11インチの額にはめる必要がある。それには以下のような条件がある。

1. 写真用に切り取る窓抜きは，4辺とも $\frac{1}{4}$ インチずつ余分に切り取らないといけない。
2. 写真は水平方向に，中央揃えにする。
3. 写真は垂直方向には，マット中央より1インチ上げる。

マットの4辺すべての縁取り(余白)の幅を求めよ。

23. 配管工(配管検査員を含む)　　　　難易度 ★☆☆

1フィート当たりの土地の上がり下がりの勾配は，建築法によって規制されているため，重要である。ある家屋の下水管は全長が120フィート，下り勾配が30インチであるなら，1フィート当たりの勾配は？

24. 選挙運動責任者　　　　　　　　　難易度 ★☆☆

郵送用の宣伝パンフレットを発注する前に，責任者は選挙人名簿登録者数の世帯数を調べる必要がある。経験則によれば，世帯数は選挙人名簿登録者数の $\frac{2}{3}$ ほどである。登録者数が148,500名の地区用にはパンフレットを何通注文すべきか？

25. 印刷業　　　　　　　　　　　　　難易度 ★☆☆

倉庫主任からの報告によると，ある種類の紙の在庫は $1\frac{1}{2}$ ロールである。今日はこの紙を使う作業が3件ある。1件目は $\frac{1}{4}$ ロール，もう1件目は $\frac{2}{5}$ ロール，3件目は $\frac{1}{2}$ ロール必要になる。この作業に在庫は足りるか，不足するか？　それはどれくらいか？

26. 出版業(製作担当)　　　　　　　　難易度 ★★☆

ある本は幅を6インチにする予定である。使う印字が1文字当たり $\frac{1}{6}$ インチなら，1行26文字でページの余白はどれだけ残るか？

27. 不動産業

ある人が880エーカーの土地の西北部分 $\frac{1}{4}$ の土地の北側半分を売却するなら，あとに何エーカー残るか？

28. 社会福祉士

子供が2人いる母親は月額最大633ドルの福祉援助金を得る資格がある。母親が働いている場合は，収入の一部がこの援助金に充当される。働く母親が実際に得る援助金は，以下の手順に従って決定される。

1. 職業関連費として月収から75ドル差し引く。
2. 子供1人につき160ドルを上限に養育費を差し引く。
3. 月額30ドル差し引く。
4. 残る金額の $\frac{1}{3}$ を差し引く。
5. 4の金額を633ドルから差し引く。

子供が2人いる母親の月収が600ドル，子供1人当たりの養育費が月額100ドルの場合の援助金の総額は？

29. 株式仲買人

1株 $37\frac{1}{2}$ ドルで300株買い入れて，1株 $49\frac{1}{8}$ ドルで売却した。総利益は？

30. 不動産所有権保険業務

固定資産税が年額1548ドルの家屋が売却された。売主が，売却以前にその年の4カ月間その家に住んでいた場合，比例配分して支払わなければならない税額は？

31. 旅行代理店

ヨーロッパへの正規の往復料金は大人1人864ドルとする。子供料金が大人の $\frac{2}{3}$ の場合，大人2人，子供4人の家族の往復旅費の総額は？

いったいいつ使うことになるの？

小数

1. 航空整備士　　　　　　　　　　　　　　　　　難易度 ★★★

飛行機の翼の「平均翼弦」は「翼の面積÷翼の長さ」に等しい。翼の面積が275平方フィートで翼の長さが42.25フィートの場合の平均翼弦を求めよ。（四捨五入して小数点以下2桁まで求めよ。）

2. パイロット（航空整備士を含む）　　　　　　　難易度 ★★★

小型飛行機のパイロットは積載に責任があり、重心が一定の安全限界内にあるようにしなければならない。こうすることで、特にエンジントラブルの場合に、安全な飛行が確保できる。

重心を求めるために、パイロットは機体のすべての重量にアーム、つまり「基準点」からの長さをかける。この積は、それぞれの重量の「積率」と呼ばれる。積率の合計を積載物の総重量で割った値が、重心の基準点からの距離に等しい。パイロットは、この距離をグラフまたは表に照らして安全限界内にあるかどうかを調べる。安全限界内になければ重量を再調整する。

次の表は、ある飛行機の重心を求めるのに必要な情報である。各場所にアーム長を乗じて積率を求めよ。次にこの積率を合計した値を総重量で割って、小数点以下1桁に四捨五入する。重心が、この飛行機の安全限界である82.1以下かどうかを確認せよ。

場　　所	重量(ポンド)	アーム(インチ)
機体重量	2181	80
前部座席	340	85
後部座席	125	117
オイル	30	−24
燃料	444	75

> **注**：オイルまでのアーム長はマイナスであるから，その積率は加算せずに減じること。

3. 家電店主任　　　難易度 ★★★

ある顧客のエアコンに必要なBTU[※1]数を計算するには，部屋の広さに「開口部因子」と「気候因子」をかける。640平方フィートの部屋のエアコンに必要なBTUを求めよ。この部屋はシアトル市内にあり(気候因子は0.95)，部屋は南に面している(開口部因子30)。

4. 不動産鑑定士　　　難易度 ★★★

ある家屋の評価額は1平方フィート当たり50ドル，テラスは1平方フィート当たり2.50ドル，敷地内の車道は1平方フィート当たり0.95ドル，フェンスは長さ1フィートあたり6.75ドルである。家屋の広さが1950平方フィート，テラスが350平方フィート，車道が720平方フィート，フェンスが400フィートの家の評価額を求めよ。

5. 建築士　　　難易度 ★★★

1フィートあたりの梁の重さが32ポンドの場合，4.8フィートの梁の重量は？

※1　BTU：英国熱量単位。

6. 自動車整備士

難易度 ★★★

自動車のエンジンバルブの隙間は,非常に正確な計測が必要である。隙間が適正でない場合は,その隙間に「シム」※2 を挟み込んで補整する。

たとえば,吸気バルブの隙間が0.008インチということになっていて,整備士の測定値が0.021インチとすると,これまでよりも0.013インチほど厚いシムが必要なことがわかる。これまでのシムが0.089インチなら0.102インチのシムに差し替える必要がある。

排気バルブの隙間が0.017インチということになっているとする。今,隙間を測ると0.009インチである。現行のシムが0.0115インチなら,適正な隙間にするためのシムのサイズは?

7. 大工

難易度 ★☆☆

長さ$34\frac{3}{4}$インチの細長い合板にドリルで12個の孔を等間隔に開けることにする。両端から一番近い孔の中心までそれぞれ2インチなければならない。隣り合った2つの孔の中心間の距離を,四捨五入して1インチの小数点以下2桁まで求めよ。

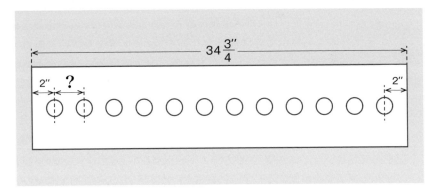

※2 シム:部品の隙間や高さや位置を調整するために挟む薄い鋼板。

8. クリーニング(カーペット) 難易度 ★★☆

カーペットのクリーニング料金はカーペットの広さで決める店が多く、面積の計算には1平方フィートの小数点以下1桁の近似値をとることが多い。作業の難しさ（カーペットの種類）によっても料金は変わる。

以下の作業の料金総額を求めよ。

カーペットの種類	面積 （平方フィート）	1平方フィート 当たりの料金(ドル)
毛足の短い敷き詰めタイプ	418	0.24
毛足の長い敷き詰めタイプ	268	0.30
家屋用の部分敷きラグ	177.4	0.40
事業所用の部分敷きラグ	209.8	0.75

9. 土木技師 難易度 ★★★

郡の建築安全部局で働く土木技師は、建設計画が法規細目に準拠しているかどうかを調べなければならない。たとえば、建物を支える2つの側壁は、長さ1フィート当たり決められた最大重量に耐えられるかどうか。この計算をするには、土木技師ならすべての屋根材の1平方フィート当たりの合計重量を求め、これに屋根面積の平方フィートをかけて、2つの側壁の直線距離の合計で割る。

仮に、一辺が20フィートの正方形の車庫の計画書が提出されたとする。400平方フィートの屋根は1平方フィート当たりの重量が5.5ポンドである。屋根を支えるジョイントは、1平方フィート当たり1.54ポンドであり、ジョイントと屋根の間の厚さ$\frac{1}{2}$インチの合板は、1平方フィート当たり1.5ポンドである。直線にして40フィートの側壁は、1フィート当たりどれだけの重量に耐えなければならないか？

10. 経理　　　　　　　　　　　　　　　　　　　　難易度 ★★☆

社会保障税は病欠には適用されないため、経理担当者は、病欠時の合計賃金を出勤時間の合計賃金とは別に計算しなければならない。ある従業員が5.5時間の病欠時間を入れて合計119時間働いた場合、以下の計算をせよ。

  a. 病欠時の賃金
  b. 残る勤務時間の賃金

この従業員の時給は6.2826ドルである（四捨五入してセントまで求めること）。
● 1ドル＝100セント

11. 電気技術者　　　　　　　　　　　　　　　　難易度 ★★☆

長い距離に電線を引くときに、電気技師は電圧の降下に注意しなければならない。電線100フィートにつき1アンペア当たり0.0339ボルトの電圧降下がある場合に、350フィートで20アンペアの電流にはどれだけ電圧降下があるか？

12. 消防士　　　　　　　　　　　　　　　　　　難易度 ★☆☆

直径2.5インチ以外のホースの摩耗損失[※3]を計算する場合、消防士は、まず公式やグラフを使って直径2.5インチのホースの摩耗損失を調べてから、摩耗損失を計算すべきホースの定数でこれを割る。

毎分300ガロンの放水で、直径2.5インチ、長さ500フィートのホースの摩耗損失は105ポンドである。直径3.5インチのホースの場合、定数が5.8であれば摩耗損失はどうなるだろう？

13. ハイウェイパトロール隊員　　　　　　　　　難易度 ★★☆

ハイウェイパトロール隊員は1日の勤務終了後に、特定の作業に費やした合計時間を報告する必要がある。8時間の交代勤務中に、渋滞している自動車の救援に45分、事故現場で$1\frac{1}{2}$時間、反則切符を切るのに2時間20分かかった。これらの特別な作業以外に費やした時間はどれだけだったか、小数点以下1桁（時間）で求めよ。

[※3] 摩耗損失：水がホース内を流れるときに摩擦抵抗により発生する圧力損失のこと。

14. インテリアデザイナー

難易度

　　カーペット張り作業の総費用を計算するには、まずすべての材料の小売価格を出す。しかし税金がかかるのは卸売価格に対してのみであるため、税金の計算には卸売価格も算出する必要がある。卸売価格にのみ税金がかかるのは、卸売りと小売りの差は労力であり、労力に税金はかからないからである。

　　以下のカーペット張り作業の総費用を求めよ。小売価格でカーペットは1平方ヤード当たり24.95ドルで60平方ヤード、下敷きパッドは1平方ヤード当たり2.50ドルで60平方ヤード、滑り止めテープは1フィートあたり0.75ドルで96フィートである。これらの材料の卸売価格はカーペットが1平方ヤード当たり18.50ドル、下敷きパッドが1平方ヤード当たり1.60ドル、滑り止めテープが1フィート当たり0.35ドルである。この卸売価格に6%の売上税率をかけた費用(売上税)を先の小売価格に加算する。

- **ヒント**：実は、2つの問題を計算していることに注意する。まず小売価格の合計を出す。次に、材料の卸売価格を計算してその売上税を出す。売上税は卸売価格に0.06をかければよい。

15. 石積工事請負業

難易度

　　レンガ工事は経験則から1平方フィート当たりのレンガ数が6.5個という。1250平方フィートの壁にはレンガが何個必要か見当をつけよ。

16. 臨床検査技師

難易度

　　1立方ミリメートル中の好酸球(白血球の一種)の数を調べるために、臨床検査技師はまず顕微鏡下の領域内にある好酸球の細胞数を数えて、領域指数の5.5をかける。

　　指定領域に好酸球が91個あるなら、1立方ミリメートルには何個あることになるか？

17. 臨床検査技師

難易度

　　ラボの検体の寄生虫卵検査で、この卵の長さが顕微鏡下で8単位を示している。1単位の長さが2.3ミクロンなら、卵の長さは何ミクロンか？

18. 看護師　難易度 ★☆☆

医者の指示で,患者に0.1グラムのニコチン酸を与える。0.05グラムの錠剤しかない場合に,患者に与える錠剤の個数は？

19. 給与支払担当　難易度 ★★☆

給与の支払には,従業員の支払小切手から源泉徴収税額を計算しなければならない。税引き前の週給が475.50ドルのある従業員は,年間4450.68ドルの源泉徴収税を支払わなければならない。

a. 1週間当たり支払うべき源泉徴収税は？
b. 源泉徴収後の週給の小切手額は？

● ヒント：1年を52週として計算する。

20. 石油技術者　難易度 ★☆☆

球状の鋼鉄製ガス貯蔵タンクの厚さは,最低0.45インチある。しかしこういう形状のタンクの設計に際しては,安全性を高めるために最低限の厚みに係数2.5をかける。このタンクの「安全な」厚さを求めよ。

21. 配管工（配管検査員）　難易度 ★★☆

浄化槽に使う浸透枡の濾過検査で,1時間当たりの濾過率を計算すると1平方フィートにつき1.83ガロンだった。120平方フィートの浸透枡では24時間にどれだけ濾過するだろうか？

22. 配管工（配管検査員）　難易度 ★★☆

配管工事規定によれば,浄化槽を置く処分場は1日5000ガロンの水を吸収しなければならない。その土地の土壌の濾過検査では1日に1平方フィート当たり14.86ガロンに等しい吸水率を示した。規定の水量を吸収するために,浄化槽設置用に掘った穴の底部に必要な面積は？（平方フィートに丸める。）

23. 警察官　難易度 ★☆☆

予備警官隊が任務に当たった時間は,昨年は1時間当たり10.25ドルで7819時間だった。この部門に支払われた金額は？

24. 選挙運動責任者　　難易度 ★★☆

普通サイズの選挙運動のチラシを1枚16.7セント（大量割引）で120,000枚と，個人的な寄付依頼を1枚25セントで7000枚発送するには，いくら支払わなければならないか？

25. 印刷業　　難易度 ★★★

ある印刷作業に必要な紙の枚数は2500枚である。この印刷業者は，1箱3000枚入りを1000枚につき27.20ドルで箱ごと注文するか，または箱をばらして，1000枚につき38.40ドルで必要な枚数だけ注文するか，いずれかのチョイスがある。この場合どちらの方が，費用が少なくてすむだろうか？

26. 印刷業　　難易度 ★☆☆

ある印刷作業の1000枚当たりの経費は53.75ドルである。5000枚印刷するとその費用は？

27. 印刷業　　難易度 ★★★

ある特殊印刷では，印刷工がネガを何枚か撮る必要がある。「単式焼付け」という工程にはネガが8枚必要で，1枚につき12.38ドルかかる。さらに1時間当たり60ドルの労賃が2.8単位必要である（1単位10分）。「二重焼付け」の工程に必要なネガはたった4枚で，1枚につき12.38ドルだが，この工程には1時間当たり60ドルの労賃が5.5単位かかる。それぞれの工程の総費用を求めよ。（1単位が10分であることを念頭に置くこと。）

28. 出版業（製作担当）　　難易度 ★★★

製作主任が担当している本は，以下のとおりである。

- ・文字数合計は863,900字
- ・1行の長さが30パイカ[※4]
- ・1ページに48行
- ・1パイカに2.6文字の印刷機を使う

※4　パイカ：印刷などに使う長さの単位。

この本が何ページになるか、以下のステップに従って計算せよ。

a. 1行の長さに1パイカ当たりの文字数をかける。
これで1行当たりの文字数が得られる。

b. 1行当たりの文字数に1ページの行数をかける。
これで1ページ当たりの文字数が得られる。

c. この本の合計文字数を、1ページ当たりの文字数で割って整数に丸める。
これで原本のページ数が得られる。

d. 原本のページ数を16の倍数に丸める(この本は16ページ分割で製本されるため)。これがこの本の合計のページ数である。

> **注**:次の3題は出版社が本の製作費を決定する際のステップである。印税と一定の利益率(パーセンテージの項、p.50の問題54参照)を加算した後にその本の販売価格が決まる。

29. 出版業(製作担当) 難易度 ★★☆

1冊の本の製版単価(1冊当たりの価格)を決めるには、その本のページ数に1ページ当たりのコストをかけて、印刷予定の冊数で割る。

1ページ当たり15.45ドルの費用がかかった240ページの本を1800冊印刷する予定の場合に、この本の製版単価を算出せよ。

30. 出版業(製作担当) 難易度 ★★☆

1冊の本の印刷単価を決めるには、印刷代の総額を印刷する冊数で割る。印刷会社が1800冊の印刷に8100ドル請求するとする。印刷単価は?

31. 出版業(製作担当) 難易度 ★★☆

製版と印刷の単価を求めたら(問題29と30参照)、コストを決める次のステップは「社内費用」(つまり編集時間と宣伝広告)の単価計算である。

製作責任者はこの本のために時給25ドルで25時間働いた。アシスタントは時給12.50ドルで19時間働いた。

 a. 編集時間の費用の総額を計算せよ。
 b. 1800冊に対して，1冊当たりの編集単価はどうなるだろう？
 c. 宣伝広告費が1冊当たり1.75ドルなら，「社内費用」の単価は？

32. 不動産業

7560ドルのローンを毎月52.50ドルの割合で返済する。このローンを完済するのにどれだけの期間がかかるか？

33. ローン業務

顧客が4500フランの小切手を払い込む。その日の為替レートは0.168ドルである。この小切手は米国通貨でどれほどか？

34. 冷暖房工事

ソーラーシステムの計画で重要な測定は「熱伝導係数」である。この計算には，まず家屋の壁のすべての断熱材料の熱損失抵抗率の合計を求める。この合計の逆数を求めれば熱伝導係数が得られる。

ある家屋の壁の断熱材料の熱損失抵抗率は，外壁面0.17, 内壁面0.68, 防水紙0.06, グラスファイバー断熱材11.00, 外装材0.94, 空間0.97, 石膏0.90である。この家の熱伝導係数を計算せよ。四捨五入して小数点以下4桁まで求めよ。

（この問題はPart 3の数式の項，p.116の問題39以降の一連の設問に関連している。）

35. 社会福祉士

郡の福祉部門では生活保護を受けている父親に，勤務中や職業訓練を受けている期間中には保育費を支払う。社会福祉士は，前もって保育費を計算し，予算を組むことによって必要な金額を確保できる。この給付を必要とする父親に，1時間当たり1.50ドルで月230時間，6か月半にわたって保育費を支払うにはどれだけの金額を確保しておくべきか？

36. 株式仲買人　　　　　　　　　　　　難易度 ★★☆

エクソンの株を1株$48\frac{7}{8}$ドルで250株売るとすると，1株$71\frac{3}{4}$ドルのフォード自動車の株を何株買えるだろうか？

37. 測量士（土木技師を含む）　　　　　　難易度 ★★☆

あるマンションの開発には洪水問題があって，水路の設置が必要である。測量士は水路の正確な始点を決めるために海抜を調べる。水路の下端は海抜126.58フィートである。下端から上端まで0.8%の勾配が必要である。つまり水路は水平距離1フィート毎に0.008フィート上昇しなければならない。水平距離が合計80フィートの場合に，水路上端の海抜を求めよ。

38. 人材派遣会社スタッフ　　　　　　　　難易度 ★★☆

ある従業員が午前8時から午後4時半まで，昼食時間が45分（無給）で働いた。時給が7.50ドルのとき，この従業員の賃金は？

39. 人材派遣会社スタッフ　　　　　　　　難易度 ★★☆

自分の自動車を仕事に使う従業員にはガソリン代と償却費が払い戻される。ある従業員は1日のはじめの走行距離数が19,438.6マイル，その日の終わりが19,467.2マイルと報告した。払戻し率が1マイルにつき0.22ドルとすると，この従業員にはいくら支払われるべきか？

40. 廃水処理業　　　　　　　　　　　　　難易度 ★☆☆

「塩素要求量」とは塩素の投与量から残量を差し引いた量と定義される。投与量が10.0 mg/ℓ（1リットル当たりのミリグラム量）で，残量が2.4 mg/ℓの場合の塩素要求量を求めよ。

いったいいつ使うことになるの？

平均

1. 経理　　　　　　　　　　　　　　　　　　　　難易度 ★★★

企業の経理担当者は，税金対策として備品の減価償却費を管理している。「定額法」では，物品の減価償却費の総額は，償却期間の合計月数または合計年数に均等に分割される。

ある会社の自動車の新車価格が12,000ドルで，5年間の最後に0ドルに償却されるなら，毎月の減価償却費はいくらか？

2. 航空整備士　　　　　　　　　　　　　　　　　難易度 ★★★

ある作業の費用を見積もるために，整備士は，過去に実施した同様の作業にかかった平均時間を求めることがよくある。今，軽飛行機ボナンザの年1度の検査費用を知りたいと思う顧客がいるとする。整備士は過去の記録を調べて，同様の検査9件にかかった数字を出す。9件にかかった時間はそれぞれ8時間，14時間，11時間，9時間，10時間，17時間，12時間，10時間，9時間であった。これら9件の作業の平均時間を求めて，それに1時間当たり18ドルをかけて見積もり費用を計算せよ。

3. パイロット　　　　　　　　　　　　　　　　　

風向きの変化により，パイロットはある飛行時間の最初の3分の1を時速150マイルで，中間の3分の1を時速175マイルで，最後の3分の1を時速190マイルで飛行できる。この飛行の平均速度は？（整数に四捨五入すること。）

4. 家電店主任

小売業に役立つ経理上の統計に「平均在庫」がある。これは「期首在庫」(四半期はじめの在庫)と「期末在庫」(四半期末の在庫)の平均値と定義される。

その年の，第1四半期の期首在庫が483,000ドル，期末在庫が82,000ドルの場合の平均在庫高を求めよ。

5. 不動産鑑定士

不動産鑑定士は，不動産を評価するときに「取引事例比較法」を用いて近隣家屋の売却価格を調べる。その際，評価すべき家屋と特徴が異なる場合には調整して，売却価格の加重平均値を算出する。平均化の過程では，それぞれの家屋と評価すべき家屋の類似性に応じて加重値をつける。

ある界隈では，最近売却された4軒の家屋の売却価格と加重値が179,000ドル(加重値0.2)，187,500 (加重値0.5)，182,000ドル(加重値0.2)，171,000ドル(加重値0.1)であった。加重値から見ると2番目の家屋が評価対象の家屋に最も近いことがわかる。4軒の家屋の加重値の合計は1.0であるから，加重平均を出すには，それぞれの家屋の売却価格に加重値をかけて合計し，加重値の合計で割ればよい。

6. プログラマー

プログラマーはコンピュータに指示を出す際に，特定のケースにも適用できる一般式をコンピュータに与えないといけない。4つの数値，a，b，c，dの平均を求める式を述べよ。

7. 経理

ある病院には1日400ドルのベッドが28台，1日330ドルのベッドが152台，1日295ドルのベッドが317台，1日250ドルのベッドが35台，1日1100ドルのベッドが18台がある。ベッド1台当たり平均何ドルか？

8. 消防士

難易度 ★☆☆

消火活動中に，消防士はポンプの圧力を計算しなければならない。この計算で重要な点は，ポンプからのホースの長さである。しかし大火事の場合には，ポンプに複数のホースをつなぐために，異なる長さのホースの平均値を出す必要がある。

1台のポンプにホースが3本つながれ，その長さはそれぞれ325フィート，260フィート，185フィートである。ホースの長さの平均は？

9. 防火管理者

難易度 ★★☆

防火管理者は，防火効果が上がっていることを示すために，統計を用いて計算をする必要がある。過去5年間にわたり23,500エーカーの森林区域で153件の火災が起きた。1000エーカー当たりの火災件数は何件になるだろうか？（四捨五入して小数点以下1桁まで求める。）

10. 森林公園管理

難易度 ★★☆

公園管理者は，国立公園に入場した乗り物の台数と人数の統計をとる必要がある。1台の車に平均何人乗って来たか，という統計的な数値を信頼できるなら，入場者数は車の台数を数えるだけで求められる。

ある日，223台の車が公園に来た。そのときの人数は732人だった。

a. 1台当たりの人数は？（四捨五入して小数点以下1桁まで求める。）

b. この数値を利用すれば，公園に385台の車が来た日の入場者数は何人と予測できるだろうか？

11. 水資源管理者

難易度 ★★★

水資源管理者がある流れの速度を決めたいと思っている。その流れにひとつの物体を投げ入れて，200フィートを流れて行くのにかかる時間を計測する。次に，かかった時間で200を割って，1秒当たりの流速を出す。正確を期するために，この過程を4回繰り返して速度を平均化する。

4回投げて，200フィート流れるのにかかった時間が21秒，23秒，20秒，23秒の場合の平均流速は？（四捨五入して小数点以下1桁まで求めよ。）

12. 税理士（所得税）　難易度 ★★★

ある州の州税事務所の所長は，雇用と用品発注のために今年の事業規模の計画を立てなければならない。計算の第一段階として，近隣4事務所の昨年の依頼人平均増加率を計算する。そして，今年も同様の伸び率になるものと仮定する。

昨年は，近隣4事業所の依頼人の増加率は6.4%，2.7%，11.5%，7.3%だった。今年の依頼人増加率はどのように予測されるだろうか？

13. 気象予報士　難易度 ★★★

気象予報士は，特定地域の記録保持の一環として気温，降雨量，風速の平均を計算する。その記録によって気象模様の変化を見つけると同時に，人々に予報を知らせるために利用する。

ある都市では，過去30年間の6月の平均気温が華氏65.2度だった。今年は6月の平均気温が71.8度だった。過去31年間の平均気温は？

14. バイク修理販売　難易度 ★★★

ある年の最初の5カ月の月間バイク売上台数は11台，9台，13台，20台，8台だった。この年の残る期間にこれまでの月間平均売上台数を反映すると仮定して，1か月平均売上台数を計算し，この年の年間売上台数の見積もりを算出せよ。

15. メガネ技師　難易度 ★★★

客が光心[※1]幅71ミリのメガネフレームを選んでいる。その人の右目と左目の幅は61ミリである。レンズをフレームの端からどのくらい内側にずらすべきか？

※1　光心：レンズの中心。

16. 薬剤師

投薬量を一定にするため, 薬剤師はまず元のカプセル複数個を空にして, カプセルの重さの平均を出す必要がある。その後, 新しいカプセルにどれだけの薬を詰めれば元のカプセルと同じ重さになるかを決めることができる。

15個のカプセルの合計重量が3523ミリグラムなら, カプセル1個の重さの平均をミリグラムの単位まで求めよ。

17. 警察官

警察官は, 日々の活動に基づいて評価されることが多い。活動は違反切符を切る平均回数から判定できる。

ラーソン巡査は64日間に276回, ジョーンズ巡査は79日間に538回, マーティネス巡査は54日間に312回反則切符を切った。

a. 巡査ごとに, 1日に切った反則切符の平均数を出して順位をつけよ。(下1桁に丸める。)
b. 3人の巡査を合わせると, 1日何件の反則切符を切ったか。

18. 印刷業

ある印刷工が過去6か月間に使用した紙の量は, 以下の通りである。6240ポンド, 3870ポンド, 2592ポンド, 7375ポンド, 4600ポンド, 6150ポンド。

a. 月平均使用量を基にすると今月注文すべき量は？(四捨五入して十の位まで求めよ。)
b. 手元に200ポンドある。これに上記aの量を加えれば, 過去6か月間に最大量を使った月の使用量に足りるだろうか？

19. 不動産業

2ベッドルームと1バスルームのアパートに適正な賃貸料を定めたい。その界隈で類似のアパート8件の賃貸料を調べると, 以下の通りである。635ドル, 680ドル, 650ドル, 675ドル, 615ドル, 650ドル, 640ドル, 650ドル。これ

らの平均賃貸料を基にすると，このアパートの適正な賃貸料は？（5ドルの倍数に丸めよ。）

20. 株式仲買人　難易度 ★☆☆

株式アナリストは諸会社の収益を分析し，顧客にどの株を買うべきかを助言している．複数のアナリストが，同一株式の収益を予測する場合には，仲買人はその予測の平均値をガイドラインとして使うことになる．

4人のアナリストが，ある会社の収益を6.85ドル，6.25ドル，6.40ドル，7.10ドルと出した．仲買人が顧客への助言に使う平均値は？

21. 旅行代理店　難易度 ★★★

客の計画では，シェラトン・ワイキキに1泊125ドルで10泊，コナ・サーフに1泊140ドルで6泊，マウイ・マリオットに1泊175ドルで4泊する．この客はハワイでの休暇の1泊当たりの平均宿泊代を知りたい．旅行代理店の回答は？

22. 廃水処理業　難易度 ★☆☆

水質管理当局によれば，沈殿性固形物の7日間の平均値は0.15 mℓ/ℓ を超えてはならない．ここ7日間の濃度の計測値は0.13，0.18，0.21，0.14，0.12，0.11，0.15だった．平均値は？　それは限度内にあったか？

いったいいつ使うことになるの？
比率と割合

1. 会計システムアナリスト　難易度 ★★★

市からの公共料金請求額60.60ドルの内訳は，水道31.60ドル，下水道12.40ドル，ゴミ処理16.60ドルである。顧客がその一部負担金24ドルを支払う場合，各部門の請求料金に比例して分配されるとすると，それぞれの部署へ幾らいくことになるか？

2. ショッピングモール管理運営　難易度 ★☆☆

ショッピングセンター全体のメンテナンス費用の請求額は180,000平方フィートの面積に対して45,000ドルである。面積2400平方フィートの店舗が支払うべき額は？

3. 航空整備士（パイロットを含む）　難易度 ★☆☆

航空機が260マイルの距離を飛行するのにガソリン消費量が20ガロンであるなら，400マイルを飛行するには何ガロン必要になるか？　（四捨五入して10の位まで求めよ。）

4. パイロット　難易度 ★★★

時速175マイルで飛行中に35ノット[1]の向かい風に遭遇する。1.15ノットが時速1マイルに相当するなら，この航空機の実際の時速は何マイルか？　（四捨五入して1の位まで求めよ。）

※1　ノット：船舶や航空機の速度単位。

5. 家電店主任　　　　　　　　　　　　　　難易度 ★★☆

総売上高の平均在庫高に対する比率を「在庫回転率」という。この比率を見れば，小売店は年間に在庫が何回転するかがわかる。また，この比率で365日を割ると，年間に何回在庫を補充すればいいかを決めることができる。

ある家電店の総売上高が495,000ドルで，平均在庫高が132,000ドルのときの在庫回転率を求めよ。さらに，平均在庫期間を求めよ。

6. 弁護士　　　　　　　　　　　　　　　　難易度 ★☆☆

最近の判例のサンプリングによると，養育費の月額と父親の年収の比は1：40であった。依頼人が年間38,000ドル稼ぐなら，毎月の養育費をどれだけ支払うと考えるべきか？

7. 環境生物学者　　　　　　　　　　　　　難易度 ★★★

環境上の問題がある地域の航空写真を撮影しなければならない。実距離300フィートの地域を，写真上は$\frac{1}{8}$インチにする必要がある。

  a. インチ対インチの比率を求めよ。

  b. カメラのレンズの焦点距離が0.5フィートなら，どんな高度から撮影すべきか？

● ヒント：$\dfrac{焦点距離}{高度} = \dfrac{写真上の距離}{実際の距離}$

● 1フィート＝12インチ

8. クリーニング(カーペット)　　　　　　　難易度 ★★★

カーペットのクリーニングには，ある種の化学薬品を1：50（薬品1に対して水50の割合）に希釈しなければならない。希釈液は合計$2\frac{1}{2}$ガロン必要になる。それぞれ何オンスずつ加えるべきか？

● 1ガロン＝128オンス

9. クリーニング(カーペット)　　　　　　　難易度 ★★★

カーペットクリーニング用の特殊なディスペンサーは，液体薬品1に対して水128を注入するようになっている。薬品1に対して水448で希釈しなければ

ならない場合には，ディスペンサーに注入する前にこの薬品をどんな割合で希釈しておくべきか？

10. 土木技師　難易度 ★★★

あるコンクリート材はセメント94ポンド（1袋），水50ポンド，砂191ポンド，砂利299ポンドの混合からなる。混合したコンクリート材の重量は1立方フィート当たり151.2ポンドになる。1760立方フィートの壁にはセメントが何袋必要になるか？

11. 土木技師　難易度 ★★★

車道をつくるに当たり，土木技師は土手の傾斜部分が地面と接する地点に杭を打って示す必要がある。これにより重機を操作する者は土手が始まる地点がわかる。

次の図は幅40フィートの車道と左右の土手を示している。図に示された長さを用いて，XとYの距離を求めよ。

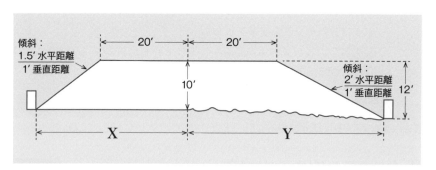

12. 建設資材受注担当　難易度 ★★☆

自分でコンクリートを混合したい顧客がいる。コンクリートを造るには，セメント，砂，砂利の比率が1：3：4で混合しなければならない。この客が乾燥状態で混合材料を1000ポンド必要とするなら，それぞれの材料を何ポンドずつ購入すべきか？

13. 請負業(建築士, 製図工も)　難易度 ★★☆

ある遊園地の管理者は街のレプリカを $\frac{5}{8}$ の縮尺で作りたいと思う。実寸が40フィート×58フィート×10フィートの建物の縮小した長さを求めよ。

14. 経理(病院)　難易度 ★★☆

8か月間の清掃用品調達費用は943.80ドルだった。1年間ではどの位の費用がかかるか？(四捨五入してドル単位まで求めよ。)

15. 環境アナリスト　難易度 ★★☆

調査によると, 商業地域の面積が10,000平方フィート増すごとに, 1日当たりの自動車数が650～800台増加する。計画中の68,500平方フィートの商業地開発に予測される交通量の増加の範囲はどの位か？(10の位に丸めよ。)

16. 環境アナリスト　難易度 ★☆☆

大気中の炭化水素と窒素酸化物の比率は光化学反応を起こし, スモッグの発生に影響を与える。1台の自動車が排出する炭化水素は1マイル当たり平均5.5グラム, 窒素酸化物は1マイル当たり4.7グラムである。これを窒素酸化物を1とした比率で表すこと。(四捨五入して小数第2位まで求めよ。)

17. 農業指導員　難易度 ★☆☆

小型噴霧器から750cc散水するのに50秒かかる。330ccだけ散水したい場合には, どのくらいの時間スプレーすればよいか？

18. 農業指導員　難易度 ★★☆

ある農家で噴霧器の調整中に19オンスの噴霧で100平方フィートの試験区をカバーできることがわかった。噴霧器の散水率を1エーカー当たりのガロン数で計算せよ。

- **ヒント**：1エーカー＝43,500平方フィート, 1ガロン＝128オンス

19. 農業指導員　　難易度 ★★★

時速3マイルで移動する散水装置は，ノズル間の間隔が20インチの場合，1エーカー当たり44ガロン放水する。

a. ノズルの数を増やして15インチ間隔にしたとする。この散水装置の新たな放水率は？
b. 散水装置のノズルの間隔を変えずに速度を変えるとすれば，この放水率が得られる速度は？

● **ヒント**：どちらの計算にも反比例を使う。

20. 森林管理計画　　難易度 ★☆☆

森林管理においては，いろいろな開発案を検討して最善の案が選ばれる。様々な開発案の価値を測るには，利益対費用を計算するのもひとつの方法である。

ある国立公園の開発計画に2つの案が検討されている。1つは利益1,720,500ドル，費用442,900ドルである。もう1つの案は利益950,000ドル，費用275,800ドルである。それぞれの利益対費用の比率を小数点以下2桁まで求めて，どちらがベストであるか決めよ。

21. 森林管理計画　　難易度 ★☆☆

過去の調査によると，ある地域の高速道路を走行する自動車2500台のうち300台がレクリエーションエリアに入ってくる。この地域の現在の資料では，高速道路の交通量は1日3250台である。この割合で自動車がレクリエーションエリアを利用すると仮定すれば，何台の車が入ってくるか？

22. 森林管理計画　　難易度 ★★☆

ある森林調査によると，レクリエーションエリアに入場する自動車1台につき平均3.3人が乗っていることがわかった。加えて，統計によれば1人が1日に使う水の量は平均6ガロンということがわかっている。これらの数字を用いて，メーター上で2482ガロンの水が使われた日には，この公園におよそ何台の自動車が入場したか計算せよ。

23. 生産技術者

難易度 ★★☆

「冷凍トン」とは，華氏32度で1トンの水を1日で氷にする熱量のことである。1ポンドが144 BTU[※2]であるなら，1時間当たりのBTUは？

- 1冷凍トン≒2000ポンド

24. 生産技術者

難易度 ★★★

底面が10フィート×8フィート，重さが10,000ポンドの均一な荷重がある。この荷重は，重心が，長さに関しては中央にあるが，幅に関しては中央から2フィートずれている。図に示されている4隅のA，B，C，Dにはどの位の重みがかかるか？

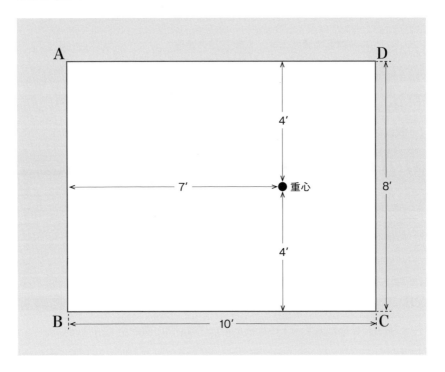

※2　BTU：1ポンドの水の温度を，華氏1度上げるのに必要な熱量。

25. 造園業（土木技師，請負業を含む） 難易度 ★★☆

ある道路の設計では水平方向の距離が4マイル，高さが2500フィート下降するようにしなければならない。この道路の傾斜を水平：垂直の比率で表すとどうなるか？（比率の単位が一致するように注意して小数点1桁に丸めよ。）

- 1マイル＝1760ヤード，1ヤード＝3フィート

26. 臨床検査技師 難易度 ★★☆

物理学の基本法則によると，ある物質の濃度は吸収する光の強度に正比例する。体液中の物質の濃度を調べるために，臨床検査技師は比色計を用いてその物質を通過する光の強度を測定する。ついで濃度のわかっている物質（「基準物質」という）を通過する光の強度を測定する。最後に下記の比例式を立てる。

$$\frac{基準物質の濃度}{基準物質の吸光度} = \frac{対象物質の濃度}{対象物質の吸光度}$$

血糖値の検査では，基準溶液のグルコース濃度が100 mg/dlであり，基準溶液の吸光度が0.0234であり，試料溶液の吸光度が0.0206だった。この試料溶液のグルコース濃度を求めよ。

27. バイク修理販売 難易度 ★★☆

ふつう2サイクルエンジンでは，ガソリンとオイルの混合比は一定である。ホンダCR125では，ガソリンとオイルの比は20：1である。2ガロンのガソリンには何オンスのオイルを加えるべきか？

- 1ガロン＝128オンス

28. バイク修理販売 難易度 ★☆☆

ある自転車は後部ギアの歯数が45，前部ギアの歯数が15である。

a. 後部ギアと前部ギアの歯数の比は？
b. 登り坂のためにギア比を5：1にしたい。後部ギアの歯数を変えないとすれば，前部ギアの歯数は？
c. 前ギアの歯数を変えないなら，後部ギアの歯数は？

29. 看護師　難易度 ★★★

医師が患者への投薬を20グレーン※3処方した。看護師の手元には1錠250ミリグラムの錠剤がある。1グレーン60ミリグラムとすると, 患者には何錠与えるか？

30. 看護師　難易度 ★★★

医師が患者への薬を$\frac{1}{250}$グレーン処方した。看護師が入手する薬瓶のラベルには1cc当たり$\frac{1}{200}$グレーンとある。1cc当たり15ミニム※4とすると, 患者には何ミニム与えるべきか？

31. 薬剤師　難易度 ★★☆

ある練り薬の配合は, クリームA12グラム, ワセリン18.6グラム, ユニベイス※5 30グラムである。薬剤師は成分比を同じにして480グラムの練り薬を作らなければならない。各成分はそれぞれどれだけ含まれるか？

32. 薬剤師　難易度 ★☆☆

360ccの溶液にモルヒネ300ミリグラムが調合されているなら, 250ccの溶液にはどれだけ調合すべきか？

33. カメラマン　難易度 ★★☆

ある化学薬品1に対して水7の割合で混合しなければならない。2クォートの混合液を得るには化学薬品を何オンス使うべきか。

- 1クォート＝2パイント＝32オンス

34. 配管工（建築士, 製図工を含む）　難易度 ★☆☆

設計図に記された縮尺は$\frac{1}{8}$インチが1フィートに等しい。水道管の長さが設計図上で$5\frac{1}{2}$インチなら実寸はどれだけになるだろうか？

※3　グレーン：質量の最低単位。
※4　ミニム：液量の最小単位。
※5　ユニベイス：たんぱく質分解酵素の混合剤。

35. 選挙運動責任者　難易度 ★★★

ある地区の有権者登録数は46,500人で，このうち民主党員の登録数は28,200人である。この比率を反映すると，電話による世論調査500人のうちに民主党員は何人いるだろうか？

36. 印刷業　難易度 ★★★

ある種の紙の重さは500枚当たり11ポンドである。3200枚の作業を進めるためには何ポンド必要になるか？

37. 印刷業　難易度 ★★★

幅6インチ，長さ7インチの写真を幅$4\frac{1}{2}$に収まるように縮小しなければならない。縮小版の縦の長さはどれだけになるだろうか？

38. 印刷業　難易度 ★★★

どんな印刷作業でも，一定割合のページ数は損傷する。そういうページは使いものにならないが，顧客はその分も課金される。ある損傷表には次のようなデータがある。

枚数	1色／両面刷り	1色増すごとに
1000	20%損傷	10%損傷
2500	15%損傷	8%損傷

ある作業で2色両面刷りのパンフレットを2200部印刷しなければならない。この早見表の2つの項目間に線形補間法を使って，この作業で予測される損傷率を求めよ。

39. 不動産業　難易度 ★★★

400平方フィートの事務所スペースの賃貸料が月額485ドルであるなら，320平方フィートの月額賃貸料は？

40. 不動産業

5人の人物が, 67,000ドルのアパートの建物に以下の割合で投資する。

　　　　A ……… 　8,000ドル
　　　　B ……… 18,000ドル
　　　　C ……… 13,000ドル
　　　　D ……… 21,000ドル
　　　　E ……… 　7,000ドル

a. キャッシュフロー[※6]の配分が投資額に比例するなら, 1か月合計475ドルのキャッシュフローから各人が得る金額は？

b. この建物を5年後に売却して307,000ドルの純益が出るなら, 各人が手にする金額は？

41. ローン業務

ABC社には貯蓄と貸付をする給与貯蓄制度がある。次の従業員たちは, 以下のようにこの制度に出資している。

従業員	出資開始時期	月額
J.D.	1月1日	50ドル
M.S.	7月1日	75ドル
S.Q.	7月1日	25ドル
S.M.	9月1日	100ドル

出資開始時期と出資金額から, 12月31日の利息支払い時に各人が受け取る利息の割合は？

42. ローン業務

あるローンを組む際に, 銀行や貯蓄貸付組合は「債務返済比率」という数値を使う。

$$債務返済比率 = \frac{年間の純キャッシュフロー}{年間のローン返済額}$$

※6　キャッシュフロー：現金の流出入やその差引残高。

ある投資家はオフィスビルを購入するためにローンを組みたいと思っている。そのビルの年間キャッシュフローは100,000ドルである。カウンセラーの助言によると，この貯蓄貸付組合の債務返済比率は1.25：1であるという。ローンの年間返済額はいくらか？

43. 株式仲買人　　　　　　　　　　　　　　　　　　　難易度 ★★☆

株の強さの量的測定には1株当たりの利益に対する株価の比率がある（株価収益率）。成長力のある株の株価収益率は高く，問題のある株の株価収益率は低くなる。

a. 株価が$87\frac{1}{8}$ドルで1株当たりの利益が6.36ドルの株価収益率を，四捨五入して整数で表すと何対1になるか？

b. ある化粧品会社が年間の収益を1株当たり3.46ドルと発表した。この会社以外の化粧品会社の株価収益率は平均で9：1である。この比率を使うとすれば，この化粧品会社の株価として考えられる売値はいくらか？（四捨五入して整数（ドル）で表せ。）

44. 人材派遣会社スタッフ　　　　　　　　　　　　　　難易度 ★☆☆

この紹介所の責任者は来るべき年度の総売上げを1,200,000ドルと予測している。昨年は総売上げ975,000ドルのうち225,000ドルが第1四半期の売上げだった。昨年の実績と今年の予測を基にすると，今年の第1四半期の売上げはいくらか？（四捨五入して1000の位まで求めよ。）

45. 獣医　　　　　　　　　　　　　　　　　　　　　　難易度 ★★☆

ある薬は体重1ポンドにつき1日当たり10mgの割合で与えなければならない。この薬を体重45ポンドの犬に1日3回に分けて与えるなら，1回の服用は何ミリグラムか？

いったいいつ使うことになるの？

百分率（％）

1. 経理　　　　　　　　　　　　　　　　　　　　難易度 ★★☆

今，特別プロジェクトの予算がどのくらい使われているかを知りたいと思う。18週間にわたって継続するプロジェクトの残る期間は6週間であり，予算62,000ドルのうち，すでに45,000ドルが使われた。残る期間の割合（％）と残る予算の割合（％）を比較せよ。（小数点以下1桁に丸める。）

2. ショッピングモール管理運営　　　　　　　　　　難易度 ★☆☆

ある店舗の月額賃料は1350ドル，または売上げの6％かのいずれか金額の多い方で請求される。

　　　a. この店の1か月の売上げが17,500ドルの場合の賃料は？
　　　b. 1か月の売上げが28,650ドルの場合の賃料は？

3. 広告代理店　　　　　　　　　　　　　　　　　　難易度 ★★☆

ある仕事に1305.75ドルの費用がかかった。この仕事を担当した社員の手数料は総額（かかった費用プラス手数料）の15％である。依頼主に送る請求書の合計金額（総額）は？

4. 客室乗務員　　　　　　　　　　　　　　　　　　難易度 ★★★

動物の運賃を決めるために，客室乗務員はまず犬小屋の容積重量[※1]を計算しなければならない（p.100, 問題2 参照）。その後の計算にはいくつかの手順が必要になるが，その際には異なる数値の比率（％）がかかわってくる。

※1　容積重量：貨物の重量を量るひとつの方法。

たとえば，サンタバーバラからセントルイスまで動物を送る場合には2つの航空会社がかかわってくる。サンタバーバラ-ロサンゼルス便の動物運賃は通常の航空貨物料金の200%である。通常料金は容積重量1ポンドにつき44セント，または，最低料金の22ドルである。ロサンゼルス-セントルイス便では，動物運賃は通常の航空貨物料金の110%である。通常料金は容積重量1ポンドにつき91セント，または，最低料金の30ドルである。最後に，輸送費の合計に5%の税金を加算する。

犬1匹をサンタバーバラからセントルイスまで送るときに，犬小屋の容積重量が次の場合の運賃を求めよ。

 a. 116ポンド
 b. 24.5ポンド

（追加練習として，p.100の問題2の結果を用いてこの問題をやってみよう。）

5. 航空整備士

巡航速度が240ノットの航空機が12%加速した。新しい巡航速度は？

6. パイロット（航空整備士も）

160馬力のエンジンが65%の力を使うときの馬力は？

7. 家電店主任

小売店の主任が%を活用するのは広告の効果を知るためでもある。次の表は，買物客が来店する理由を，通常の1日と，新聞広告によるキャンペーン期間中の1日とで比較したものである。

来店理由	通常の日	キャンペーン期間中の日
広告を見て	18	46
前回購入したから	14	12
友人の紹介で	21	24
電話帳で	26	21
立ち寄り	7	4
その他	9	8
合計	95	115

a. 通常の1日の買物客全体のうち，広告を見て来店した人は何%か？

b. キャンペーン期間中の1日の買物客全体のうち，広告を見て来店した人は何%か？

c. 通常の1日とキャンペーン期間中の1日を比べて，買物客総数の増加は何%か？

d. 通常の1日とキャンペーン期間中の1日を比べて，広告を見て来た買物客は何%増加したか？

8. 家電店主任　難易度 ★★★

小売店が商品の価格を設定する際にも比率（%）がかかわってくる。コストに上乗せする利掛けの%（利幅）か，またはセール中に通常の販売価格から値引きする%のいずれかが基準になる。

家電店のいくつかの商品のコストを，次のように仮定しよう：食洗機360ドル，衣類洗濯機335ドル，テレビ422ドルである。

a. これらの商品に35%の利益率を上乗せする場合の販売価格は？

b. 月末の売尽くしセール中には，これらの商品は販売価格の15%引きになる。値引き後のセール価格は？

c. このセール価格の利益率は何%か？

9. 家電店主任　難易度 ★★★

小売店のオーナーにとって重要な統計的数値は「オーナー持分比率」である。オーナーの持分比率は総資産に対する純資産の割合（%）である。純資産が171,358ドル，総資産額が598,784ドルなら，オーナーの持分比率はいくらか？

10. 家電店主任　難易度 ★★★

小売店は予算を組む際に全国平均の%を指標にすることがよくある。総売上高1,000,000ドル超の小売店が店員に支払う額の全国平均は，純売上高の5.6%である。ある家電店が来る年度の純売上高を1,250,000ドルと見積もった場合，店員にはどれだけ支払うべきか？

11. 建築士（土木技師も）　　難易度 ★☆☆

建築規定によると，窓の面積は熱損失があるために床面積の20%を超えてはならない。床面積が1350平方フィートに対して，275平方フィートの窓は建築規定を満たすだろうか？

12. 弁護士　　難易度 ★★☆

離婚調停時に，ある夫婦は100,000ドル相当の個人資産と240,000ドル相当の家屋を所有している。もし夫が個人資産のうち80,000ドルを得て，妻が残る20,000ドルを得るとすれば，対等の調停で，妻には家屋の所有権の何%が与えられるべきか？

13. 自動車整備士　　難易度 ★★☆

テールランプの部品一式の価格は小売りが78.48ドル，卸売りが47.09ドルである。ある部品会社はこの部品を小売価格の35%引きで提示しているが，別の会社は卸売価格の25%増しの値段を提示している。どちらの方が安いか？

14. 大工　　難易度 ★☆☆

ある大工は依頼主への請求時に資材コストに5%上乗せする。資材コストが263.78ドルなら依頼主への請求金額は？

15. 建設資材受注担当（請負業を含む）　　難易度 ★☆☆

請負業者からの1か月の請求金額は1743.90ドルである。月末までに全額を支払えば2%の割引がある。この割引を利用すれば，支払う金額はいくらか？

16. 請負業（ローン業務を含む）　　難易度 ★★★

ある建築業者が建設ローンを借入れるとき，利息は使う金額に対してだけ支払えばいい。12,000ドルのローンをもとに，最初の月に20%，2か月目に50%，残る30%を3か月目に使うという。月々に使う金額をもとにして，年利14%ならこの3か月間の各月末に支払うべき利息はいくらか？

17. 経理（病院）　難易度 ★★★

従業員の給与から社会保障税7.51%と州の休職保険1.2%が天引きされる。給与の月額合計が1538.46ドルの場合, 源泉徴収税245.80ドルに加えて社会保障税と休職保険の天引き後の給与はどうなるだろうか？

18. 経理（病院）　難易度 ★★★

あるメーカーはこの病院に対して, 請求日から10日以内に支払えば2%の割引を提示している。請求日から30日以降の支払いに対しては月1.5%の利息を請求するともいう。病院は8月3日に1432.60ドルの請求書を受け取った。下記の日に支払うとすれば, その支払金額はいくらか？

　　a. 8月8日なら？
　　b. 8月24日なら？
　　c. 9月18日なら？
　　d. 12月20日なら？（毎月の複利にすること。）

19. 栄養士　難易度 ★★★

医師が患者の1日の食事を2500カロリーと指示し, 総カロリーの40%を炭水化物で, 35%を脂肪で, 25%をタンパク質で摂るよう明示している。それぞれのカロリー数を計算せよ。

20. 栄養士　難易度 ★★★

炭水化物のカロリーはグラム当たり4カロリー, 脂肪はグラム当たり9カロリー, タンパク質はグラム当たり4カロリーである。炭水化物は総グラム数の100%がブドウ糖に分解され, 脂肪は総グラム数の10%がブドウ糖に分解され, タンパク質は総グラム数の58%がブドウ糖に分解される。設問19の解答を使って, 指示された食事のブドウ糖のグラム数を求めよ。

21. 電気検査業務　難易度 ★★★

電気製品設置基準には, 家電製品や照明器具などの正味電力をワット数で表す計算法が明記されている。これは必要な電流などを決めるために使われる。

たとえば、家の中にある一般的な照明器具や、小型家電製品、洗濯機などの正味電力を計算するには、これら製品の合計ワット数からまず3000ワットを差し引き、残る電力の35%にこれを加える。この定式を使う理由は、これらの製品は電力を常時使うわけではないからである。一般的な照明器具、小型家電品、洗濯機の電力合計が8000ワットの場合の正味電力を求めよ。

22. 電気検査業務　難易度 ★★★

問題21の別の計算方法としては、電力合計がkw（キロワット）で表示されている場合には、最初に差し引いた10kwを残る電力の40%に加算できると記されている。

a. 電力合計が37.9kwなら正味電力は？
b. 電流（アンペア）は電力（ワット）を電圧（ボルト）で割った数値に等しい。設問aの結果を用いて、100アンペアの電流なら230ボルトで足りるだろうか。

23. 防火管理者　難易度 ★☆☆

防火管理者は、森林火災を抑えるための予算を効果的に算出しなければならない。まず第一段階ではどういう種類の火災がよく起こるかを決定し、この種の防火に予算を集中させる。この決定をするための比率（%）が大きな役割を果たす。

a. 中央地区では昨年、人が原因の火災77件のうち24件が放火だった。放火は何パーセントだったか？
b. 防火管理者は放火件数を5年間の年平均で12%減にしたいと考えている。5年間の平均件数が28件なら、この目標を達成するためには何件以下でなければならないだろうか？

24. 森林公園管理　

米国森林局は管理地内で広い面積を利用する団体に対して例年、地価の5%に等しい利用料金を請求する。ボーイスカウトが6エーカーのキャンプ場を利用し、その地価はエーカー当たり2200ドルなら、ボーイスカウトへの請求金額は？

25. 森林公園管理

難易度 ★★★

　森林公園管理では, 公園の利用者数を, 現地で実際に数えることなしに算出しなければならない。そのために, すべての公園の平均値に基づく統計的な資料を使用して, 適正な見積もり人数を算出する。以下はそうした資料の例である。

- パインヘイブンは75のユニットを持つキャンプ場であり, ハイシーズン日は95日ある。
- ハイシーズン中は, すべてのユニットの65.8％が利用される。
- ハイシーズン中のユニット利用数は, 年間利用総数の85％を占める。
- 利用された各ユニットは, 平均5.28人の「利用者日」がある。(これはユニットが利用された日には, 1ユニットあたり, 1日平均5.28人が利用しているという意味である。)
- キャンプ場利用者の37％は日中に利用している。夜間の利用は63％である。
- 夜間の利用はオート・キャンプが23.7％, トレイラー・キャンプが47.7％, テントが28.6％である。

以上のデータを使って以下の問いに答えよ。

　a. パインヘイブンで, ハイシーズン中に利用される延べユニット数は？
　b. パインヘイブンで, 年間に利用されるユニット数の合計は？
　c. 年間を通して日中の利用者は何人か？
　d. 夜間の利用者は年間を通して何人か？　自動車, トレイラー, テント別に答えよ。

26. 地質調査

難易度 ★★★

　依頼された調査は, 用地建設によって雨が地下へ浸透して地下水となるのに, どんな影響があるか？ということだった。地質学上の見積もりでは, 建設前の状態なら降雨量の5％が地下に浸透して地下水になるはずである。建設後はこの用地への降雨はまったく浸透しないと考えられる。この用地の面積は150エーカーである。年間降雨量が6インチの場合, 1エーカー・フィート当たりの地下水の年間損失量を算出せよ。(1エーカー・フィートは, 面積が1エーカーで深さが1フィート。)

- 1フィート＝12インチ

27. 水資源管理者   難易度 ★☆☆

流水の特徴を表現するのに, 水資源管理者は2点間の流速の増減を%で表現する。

A点の流れが秒速7フィート, B点の流れが秒速5フィートなら, AB間で流速は何%失われたか？

28. 税理士（所得税）   難易度 ★☆☆

現行の所得税法の下では, 食事や接待のビジネス費総額の80%を控除できるにすぎない。食事に872.68ドル, 接待に528.25ドルを支出するなら, どれだけ税金から控除できるだろう？

29. 税理士（所得税）   難易度 ★★☆

医療費を控除するには, 医療費が調整後の総所得の7.5%を超える必要がある。その場合には7.5%を超える金額を控除できる。

調整後の総所得が19,438ドルで, 保険の補償範囲を超える医療費の支出が1746ドルだったなら, どれだけ控除できるか？

30. 税理士（所得税）   難易度 ★★☆

総所得が21,000ドルの納税者に対しては, 児童養育費は24%の税額控除がある。つまり支払うべき税金から児童養育費用の24%を直接差し引くことができる。

児童養育費控除前に支払うべき税金が1611ドルで, 児童養育費が1450ドルなら, 最終的に支払うべき税額は？

31. 税理士（所得税）   難易度 ★★☆

法人所得税の税務処理担当主任は納税期限直前の4週間に広告予算の90%を支出することにした。支出の60%を第1週と第4週に, あとの40%を第2週と第3週に支払うことにする。広告費の予算総額が1800ドルの場合, 第2, 第3週に支払う金額を算出せよ。

32. 税理士（所得税）   難易度 ★★☆

ある単身者の職場には退職金制度（年金制度）がある。年収25,000ドルまでなら, 個人退職金口座に年間最大2000ドルまで出資できる。しかし所得が

25,000ドルを超えると、出資金額を給与と25,000ドルの差額の20%だけ減らさなければならない。年収31,200ドルの単身者が個人退職金口座に出資できる年額は？

33. 生産技術者   難易度 ★★★

ある工場は現在、最大生産力の85%で稼働しており、年間18,000,000ドル相当の備品類を出荷している。

 a. 最大生産力で稼働するならどれだけの備品を出荷できるか？
 b. 最大生産力プラス10%の超過稼働でどれだけの備品を出荷できるか？
 c. 第2シフトが第1シフトより生産性が10%低いとすれば、最大生産力プラス第2シフトの半数でどれだけの備品を出荷できるか？
 d. 現在の需要を満たすのに週4000時間必要ならば、年間25,000,000ドル相当の備品を出荷するのに必要な時間数は？

34. 生産技術者   難易度 ★★☆

部品の不良品率は通常5%である。先週は47点の部品検査で3点が不良品だった。先週の不良品率は通常より高いか、低いか？　その割合(%)は？

35. 保険代理業   難易度 ★★☆

今、50歳の重役の年金計画を立てている最中である。この人が65歳になると現在の月給の30%に等しい給付金を毎月受け取ることにする。現在の年俸が150,000ドルであれば、この人の月額給付金はいくらか？

36. 保険代理業   難易度 ★★☆

21歳の独身男性は大学の成績が「B」、1986年型VWのバンで年間15,000マイル走行する。ここまででこの人の保険等級はB2となる。このときに強制保険、搭乗者傷害補償、包括車輌損害補償[※2]、衝突車輌損害補償については25%の割引を受ける資格があるが、牽引サービスと無保険者補償には割引がない。以下のリストは各補償項目の割引前の半年間の掛金である。割引後の年間掛金の合計金額を算出せよ。

※2　包括車輌損害補償：盗難や自然災害などに対する補償。

強制保険	217.00ドル
無保険者補償	10.40
搭乗者傷害保険	15.00
包括車輌損害補償	56.00
衝突車輌損害補償	213.00
牽引サービス補償	5.00

37. インテリアデザイナー　難易度 ★★★

　職種によっては総コストに材料費と作業費が自動的に含まれても，消費税が含まれないものがある。消費税を計算するには，コストに対する材料費の割合をもとに，総コストと材料費とを分ける必要がある。ある作業の課税前のコストが688ドルで，材料費は37%とわかっている。この場合，材料費に6.5%の消費税を加算した後の総コストはいくらか？

38. インテリアデザイナー　難易度 ★☆☆

　カーテン生地を注文するのに，窓の寸法を測り，「100%フルネス」（ひだをとるために100%追加）を加算する。窓幅の寸法が112インチなら，カーテン生地の幅はどれだけ注文するだろうか？

39. 造園業（土木技師を含む）　難易度 ★☆☆

　造園業では土地の勾配を気にかけることが多い。勾配は水平差：高低差を2：1のように表すことができる。このほか，水平差に対する垂直差を%で表すこともできる。たとえば，2：1の勾配は50%と表してもよい。以下の割合を%表示の勾配にせよ。

　　a. 3：1
　　b. 4：1
　　c. 8.4：1
　　d. 27：1

40. 司書 　　　　　　　　　　　　　　　難易度 ★★★

本棚のスペース計画は司書の主要な仕事でもある。過去5年間の市立図書館の蔵書数は次の通り：38,250冊；42,363冊；46,850冊；51,925冊；57,793冊。

a. この期間中の蔵書の平均増加率を小数点以下1の位まで求めよ。
- **ヒント：** 各年の増加率を出して，その平均を求める。

b. aの答えをもとに，この図書館の翌年の蔵書数を予想せよ。(四捨五入して10の位まで求めよ。)

41. 臨床検査技師　　　　　　　　　　　難易度 ★★★

検査技師は「好酸球」と呼ばれる白血球数に注意を払っている。好酸球を数える方法のひとつが，14ページの問題16で説明されている。その計算をダブルチェックする方法として，1立方ミリメートル中の白血球数を数え，その中の好酸球数の比率(%)を利用することもできる。

白血球数が1立方ミリメートル中に5900個あり，白血球の分画で好酸球が8%なら，1立方ミリメートルにつき好酸球は何個あるか？

42. 気象予報士　　　　　　　　　　　　難易度 ★★★

気象予報士は地平線の円を360度に分割する。北が0度か360度，東が90度，南が180度，西が270度である。ひとつの雲塊が10度から130度に伸び，別の雲塊が240度から300度に伸びるなら，地平線の何%が曇っているか？

43. バイク修理販売　　　　　　　　　　難易度 ★★★

ベスパ[※3]のバイクでは，ガソリンタンクに加えるオイルはガソリン量の5%でなければならない。ガソリン1.5ガロンにはオイルを何オンス加えるべきか？
- 1ガロン＝8パイント，1パイント＝16オンス

※3　ベスパ：イタリアのオートバイメーカーが製造販売するスクーター。

44. 塗装業

作業の費用見積もりをダブルチェックするために、材料費は総費用の20%を占めるという経験則を当てはめる業者は多い。見積もり総額が825ドルになるなら材料費はいくらか？

45. 経理担当

経理実務に要求されるのは、費用を企画部門、会計部門、間接部門に、適正に割り振ることである。間接部門に3つのセンターがあり、合計20,000ドルの費用がかかるとしよう。第1センターに45%、第2センターに35%、第3センターに20%かかるとする。各センターにかかる費用はいくらか？

46. 薬剤師

薬剤師がある薬剤の1%溶液を必要としている。手元にあるのは、20ccの溶液中にその薬剤が1.0グラム含まれる混合液である。必要な濃度を得るには緩衝液をどれだけ加えるべきか？ （注：%を得るにはグラム数をcc数で割る。）

47. 配管工（配管検査員）

浄化槽の浸透桝は一定の時間内に排水できなければならない。郡の検査官は浸透テストを実施する際に、6インチの水が排水されるのにかかる時間を繰り返し記録し、連続2回のテストの時間差が20%を超えなくなるまで繰り返す必要がある。

連続6回のテスト結果が6分、10分、14分、16分、18分、19分であれば、何回目が最終テストになっただろうか？

48. 警察官

警察官は自身の業績評価と市民への周知のために細心の犯罪統計をとる必要がある。今年の12月には市内で506件の逮捕があった。昨年の12月の逮捕は497件だった。逮捕件数の増加率%を小数点以下1桁まで求めよ。

49. 選挙運動責任者 ★★★

各地区の資金調達額は、州の有権者の総所得に対するその地区に住む有権者の総所得比率(%)に比例する。たとえば、ある地区の有権者の所得が、州全体の有権者の所得の2%であるなら、党はその地区が、州の選挙資金の2%を納めると見込む。

a. 資料によると、この州には共和党員が820,000名で、平均所得は26,500ドルである。この地区で有権者登録をしている共和党員は7200名で、平均所得は28,000ドルである。この地区が州に納める額は、州の資金調達総額の何%になるか？ 小数点以下2桁で答えよ。

b. 州全体の資金調達目標額が950,000ドルとしよう。設問aの答を用いて、この地区が納めるべき金額を算出せよ。(四捨五入して100の位まで求めよ。)

50. 印刷業 ★★☆

20,000枚以上の印刷の注文には総額の3%の割引がある。印刷費は1000枚につき440ドルである。27,000枚印刷すると割引後の価格は？

51. 印刷業 ★☆☆

印刷枚数2000枚の注文がある。印刷工はこの種の印刷作業には当然25%の破損率があるものと考える。実際には何枚印刷すべきか？

52. 出版業(受注担当) ★★☆

販売代理店や書店は同一書籍を10冊から50冊取り扱うと15%の割引がある。定価9.30ドルの本37冊を取り扱う代理店が出版社に支払う金額は？

53. 出版業(製作担当) ★★☆

ある書籍の植字の請求金額は2502ドルである。著者のミスのために、1行0.85ドルで324行を組み直さなければならない。著者は植字の請求金額の10%を超える部分の費用を負担しなければならない。著者が支払うべき金額は？

54. 出版業（製作担当） ★★★

書籍の価格決定の過程には％の計算がいくつかある。以下はその過程の実例である。続く設問に答えよ。

ある本の製作費は1冊当たり5.44ドルである。著者が得る印税は最初の500冊に対して10％、それ以上になると12.5％である。この本は2200冊売れるものと予測される。まず0.1を500倍し、0.125を1700（2200 − 500）倍し、この2つを足して2200で割ると、著者の印税は平均でほぼ11.9％となる。これに出版社の6％の利益を加えると17.9％という利幅が出る。つまり、この本1冊の製作費5.44ドルは販売価格の82.1％にあたる。これによって販売価格は1冊約6.63ドルとなる。

ある本の製作費は1冊当たり12.48ドルである。著者が得る印税は最初の1500冊が12％、それ以降は14％である。この本は6000冊売れるものと予測される。出版社は7％の利益を必要としている。この本の販売価格を求めよ。

55. 不動産業 ★★☆

ある地所を不動産業者が220,000ドルで売りに出す。ブローカーが3％の手数料を得て、その60％を不動産業者が受け取る。不動産業者が受け取る金額はいくらか？

56. 不動産業 ★★☆

ある地所の市価は198,500ドルである。この地域の固定資産税は市価の25％という査定額をもとに計算する。税率は査定額100ドルにつき8.35ドルである。この地所の固定資産税額を求めよ。

57. 不動産業 ★★☆

ある女性が1区画48,000ドルで4区画を購入した。それを7区画に再分割して、1区画当たり33,000ドルで売却した。利益率％を小数点以下1桁まで求めよ。

58. 不動産業

ある区画の表示価格は53,600ドルだった。売主は不動産業者に8.5%の手数料を支払うことに合意した。後日, 表示価格を5%引き下げ, 手数料を6%に下げることに所有者は合意した, 修正後の取引で不動産業者に支払われた手数料は？

59. 不動産業

12,000ドルのローンの返済は, 毎月100ドルに加えて未払い残高の15%である。最初の3か月の各月の返済額を求めよ。(注：15%は年利で, 未払い残高は返済月以前の未払額である。)

60. ローン業務

依頼人は自営業を営んでおり, できるだけ多く退職年金口座に投資したいと思っている。貯蓄貸付カウンセラーは2通りのプランのあるキオ口座を開設するよう助言している※4。キオ口座には, 掛け金建て年金プランと利益分配型年金プランの2タイプがある。法律に基づき, 自営業を営む人は純利益の最大20%まで出資でき, さらにその金額の60%を利益分配型プランに, 40%を掛け金建てプランに配分することができる。この依頼人の純利益が28,400ドルであるなら, 各プランへの出資金額はいくらか？

61. ローン業務

ある依頼人は30,000ドル借り入れて, 毎月の支払いは利息のみとし, 借入期間の最後に元金の全額を支払いたい。年利12%なら, 5年の借入期間中の毎月の支払いは？

62. 社会福祉士

フードスタンプ※5をもらう資格がある人に割り当てる金額を決めるために, 以下の手順がとられる。

※4　キオプランは自営業者向け退職年金制度。
※5　フードスタンプ：低所得者向けに行われる食料費補助対策。

- 月額総所得の80%を出す。
- ここから102ドル差し引く（これが医療費や交通費等のための基準控除額となる）。
- 2で割る。
- この額か，または152ドルの少ない方を第2段階の結果から差し引く。
- 調整後のこの所得額を，フードスタンプ表で探して給付金額を読み取る。

月額総所得が以下の場合の調整所得を求めよ。

a. 595ドル
b. 475ドル

63. 株式仲買人

ある依頼人は投資信託に関心があり，弱気市場※6において，できるだけ安全そうなファンドを希望している。仲買人は，最近の弱気市場の，1月15日から5月3日までのサイクルで，3種類のファンドの1株当たりの純資産価格を調べた。その結果をまとめたのが以下の表である。

ファンド	1月15日の価格	5月3日の価格
積極型成長ファンド	37.38ドル	34.72ドル
成長収益ファンド	10.27	9.84
収益ファンド	12.23	12.00

それぞれのファンドの資産減を％で算出して，どのファンドが最もうまく弱気市場を切り抜けたか判定せよ。

64. 株式仲買人

多くの株式は株主に配当金を支払う。配当金は株式の1株当たりの一定額であるから，配当金と配当金を比較することも，他の投資への収益と比較すること

※6　弱気市場：値下がり傾向の強い市場。

も難しい。このために仲買人は、配当金を株価に対する比率(％)に換算することが多い。

a. どちらの収益が大きいか？——普通預金口座の5.5％の利息と、1株20ドルの株式で1株当たり1.15ドルの配当。

b. どちらの収益率が高いか？——株価 $24\frac{7}{8}$ ドルで1株当たり1.84ドルの配当がある株と、株価 $15\frac{3}{4}$ ドルで1.20ドルの配当がある株。

65. 株式仲買人 難易度 ★★★

仲買人が非課税地方債への投資を勧める際には、顧客の税率区分に基づいて「実行利回り」を計算しなければならない。たとえば、税率区分28％の顧客は、6％の連邦免税債の実行利回りが $8\frac{1}{3}$ ％である。なぜなら、$8\frac{1}{3}$ ％の課税投資の利回りは連邦税課税後には6％に過ぎないからだ：つまり $0.06 \div (1.00 - 0.28) = 0.0833$ である。

以下の免税債の、右側の税率区分にある顧客に対する実効税率を計算せよ。(0.1％まで求めよ。)

a. 7.5％債：税率区分28％

b. 8％債：税率区分15％

c. 8.5％で、連邦税、収税ともに控除：連邦税区分28％、州税率区分8％

66. 株式仲買人 難易度 ★★★

信用取引口座を持っている顧客は多い。つまりその顧客は証券購入時に全額を現金で支払う必要がないということである。通常は仲買人側が証券価額の50％まで立て替えてくれる。

顧客が1株20ドルの株式を200株買いたいとする。信用取引口座から2000ドル支払い、残る2000ドルは仲買人から借り入れることになるだろう。この株が1株30ドルに値上がりしたとすれば、顧客の借入能力は上がり、現在の価額の50％から既に借り入れた金額を差し引いた金額になる。以上の数字を基にすると、この顧客はあとどのくらい借り入れられるか？

67. 技術研究員 　　　　　　　　　　　　難易度 ★★☆

調査会社はプロジェクトの費用見積もりに基準方式を作成した。その方式によれば, 各費用の項目とも別の項目に対する比率(%)を基準にしている。

あるプロジェクトに関する, 以下の項目を考えてみよう。

　　a. 専門職の給与が55,000ドルとする。
　　b. 秘書職の費用は専門職の給与の30%とする。
　　c. 間接費は給与合計(専門職と秘書職)の100%とする。
　　d. 自主研究費は間接費の4%とする。
　　e. 入札および書類提出費用は間接費の14.6%とする。

b, c, d, eの費用と, このプロジェクトの総費用を求めよ。

68. 旅行代理店 　　　　　　　　　　　　難易度 ★☆☆

ある代理業者はホテル滞在費650ドルの予約に7%の手数料を受け取る。手数料はいくらか?

69. 獣医 　　　　　　　　　　　　　　　難易度 ★★☆

ある犬は, 血液検査で10%ほど脱水していることがわかった。この犬が必要とする水分の蓄えは体重の30%である。体重が78ポンドなら水分はどれだけ補うべきか?

70. 廃水処理業 　　　　　　　　　　　　難易度 ★★☆

水に添加する塩素は0.001%でなければならない。水流が1日に600,000ガロンなら, 何ポンドの塩素を加えるべきか?

　●ヒント: 水の重量は1ガロン当たり8.34ポンドである。

71. 廃水処理業 　　　　　　　　　　　　難易度 ★★★

この業界では良く知られていることだが, 1リットル当たり10,000ミリグラムの溶液(10,000mg/ℓ)は1%溶液に等しい。これを利用すれば, 別の溶液の濃度(%)が必要に応じて換算できる。

250mg/ℓは何%溶液であるか換算せよ。

いったいいつ使うことになるの？
統計グラフ

1. パイロット（航空整備士を含む）　難易度 ★★★

　航空機（特に小型機）のパイロットや整備士は，離陸前に機体の重心が安全圏内にあるかどうかを調べなければならない。この作業では，下記のグラフの助けを借りることがある。

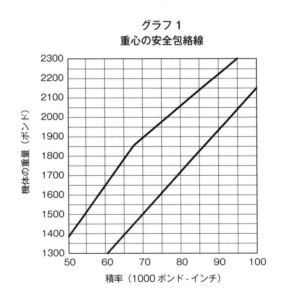

グラフ1
重心の安全包絡線

a. 重量1950ポンド，積率88,660ポンド–インチの機体は，グラフ1で安全包絡線内（2本の直線間）にあるか？

b. 重量が1820ポンド，積率が62,000ポンド–インチの機体は安全包絡線内にあるか？

2. ハイウェイパトロール隊員　難易度 ★★★

ハイウェイパトロール隊員は，p.57のスリップ-スピード表（グラフ2）のような複雑なグラフを読み取る必要がある。このデータを利用して事故現場での罪過を見極めるのである。

車の走行速度を求めるために，まず左側の縦軸にあるスリップ距離を見つける。そこから水平移動して摩擦係数線との交点まで進み，最後はそこから真下に下りて，底辺の水平軸で時速マイル数を読み取る。

次のスリップ距離と摩擦係数に対するスピードを時速マイルで求めよ。

a. スリップ150フィート，摩擦係数30％
b. スリップ45フィート，摩擦係数70％
c. スリップ330フィート，摩擦係数50％
d. スリップ115フィート，摩擦係数40％

3. ハイウェイパトロール隊員　難易度 ★★★

遠心力のかかったスリップ痕が残っている場合，車のスピードを求めるには，スリップの弧に50フィートの弦を配置する。次に弦の中央から弧の外側までの距離（中央縦座標）をインチ数で測定する。次にグラフ2（p.57）の右側の中央縦座標の軸にこの数値を当てはめて，そこから水平に左へ移動し，摩擦係数の直線と交わるまで進む。最後にこの交点から真下に下りて，底辺の横軸のスピードのマイル数を読み取る。

次の，中央縦座標と摩擦係数に対する時速マイルを求めよ。

a. 中央縦座標36インチ，摩擦係数70％
b. 中央縦座標$6\frac{1}{2}$インチ，摩擦係数40％
c. 中央縦座標$11\frac{1}{2}$インチ，摩擦係数50％

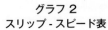

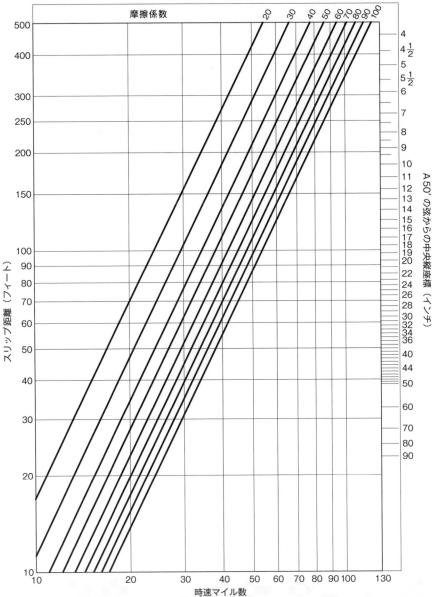

グラフ2
スリップ - スピード表

4. 生産技術者

コンピュータ製造プラントにおける製造コストは材料費80%, 製造労務費12%, テスト労務費6.8%, 検査労務費1.2%である。上記費目を示す製造コストの円グラフを作成せよ。

5. 臨床検査技師

物質の濃度を測定するためには, 通常は濃度が判明している基準溶液を利用して比例関係を決定し, 対象物質の濃度を計算する (p.32, 設問26参照)。しかし基準物質が不安定な場合には, 毎回基準物質を測定することなしに, 初めに一度基準線を作っておき, これを基にしてそれ以降の対象物質の濃度を調べることができる。実例はグラフ3のようになっている。

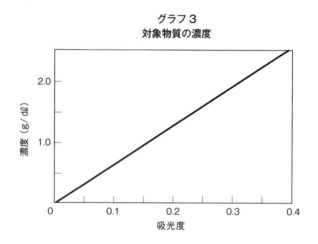

a. 対象物質の吸光度が0.30の場合, その物質の濃度は？（四捨五入して0.1の位まで求めよ。）

b. 対象物質の吸光度が0.10なら濃度は？

6. 気象予報士

難易度 ★★★

下のグラフ4は測候所で測定した月間総雨量である。このグラフを使って設問に答えよ。

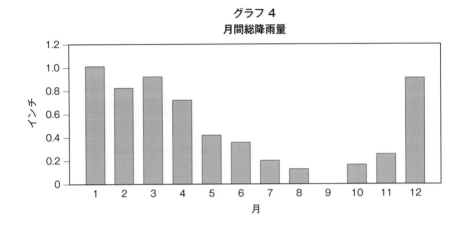

グラフ4
月間総降雨量

a. 降雨量が最も多い月は？
b. 降雨量が最も少ない月は？
c. この測候所における年間総降雨量は？（各月の雨量を0.05インチ単位の最近似値を求めて推計する。）

7. 警察官

難易度 ★★★

警察は市議会に対して定期的に報告書を提出しなければならない。報告書には犯罪件数と交通事故件数のデータを示す統計グラフを利用する。p.60のグラフ5, 6, 7を使って以下の設問に答えよ。

a. 衝突事故が最も多かった年は？
b. 負傷者数のピークは同じ年か？　死亡者数についてはどうか？
c. 交通事故死亡者数が最も少なかった年は？
d. 衝突事故件数と死亡者数が前年比で最大の増加を示した年は？

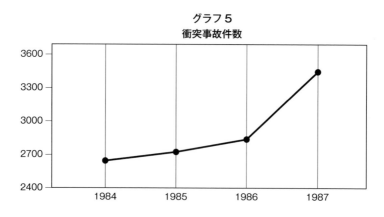

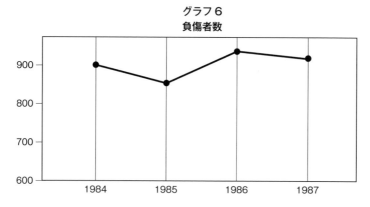

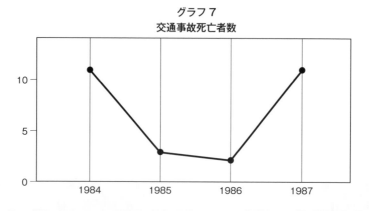

8. 不動産業

難易度 ★★★

　不動産売買においては, 個々の資産に利益が出るかどうかを分析するためにグラフを使うことがある。グラフ8は, あるアパートの建物の売却価格を決める際に, このアパートの賃貸料引上げと収益率変更で, 売却価格の見込みがどう変わるかを示している。

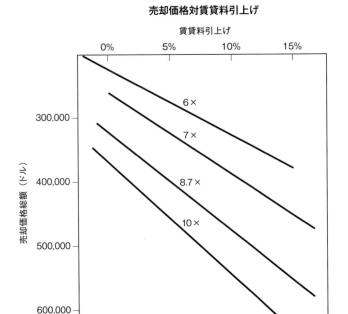

グラフ8
売却価格対賃貸料引上げ

　以下の条件に見合う売却価格を求めよ。価格は, 概算で25,000ドルの倍数で答えよ。

　　a. 収益率7倍, 賃貸料5%引上げ
　　b. 収益率10倍, 賃貸料10%引上げ
　　c. 収益率8.7倍, 賃貸料7.5%引上げ
　　d. 収益率6倍, 賃貸料15%引上げ

9. 人材派遣会社スタッフ

難易度 ★★★

職業紹介所の責任者が事業の成功の度合いを3本線の折れ線グラフを書いて測定した。以下のデータをもとに，自分でグラフを作成できるかどうか確かめてみよう。

縦軸には「スタッフの給与当たりの粗利益（ドル）」を0ドルから5ドルまで目盛る。横軸には第1週から8週までの時間を示す。以下のデータを3本の折れ線グラフで表すこと。

スタッフの給与当たりの粗利益（ドル）

週	今年	去年	目標
1	2.40ドル	2.20ドル	2.80ドル
2	3.40	3.00	2.80
3	3.80	3.30	2.80
4	3.40	3.70	2.80
5	2.70	3.20	2.80
6	3.30	2.70	2.80
7	4.70	4.20	2.80
8	4.10	4.60	2.80

いったいいつ使うことになるの？
その他の項目

素早い計算が必要なとき・・・

1. パイロット
難易度 ★★★

現在，高度8000フィート，時速180マイルで飛行中，毎分500フィートで降下できる。着陸地点の何マイル手前から降下し始めるべきか？

2. 環境アナリスト
難易度 ★★☆

環境アナリストは液化天然ガスの輸送基地について電話で話し合いながら，以下の問題を暗算で計算しなければならなかった。

つまり，130,000立方メートルの液化天然ガスを積載した輸送船150隻が，基地で荷揚げする場合には総計何立方メートルになるだろうか？ 500,000単位で概算すること。

四捨五入して丸めると・・・

※本書では丸める技術が必要になる設問が多い。以下は丸めるだけの設問である。

3. 家電店主任
難易度 ★☆☆

エアコンの熱量は3000BTU[※1]からスタートして2000BTUずつ増加すると

※1　BTU：英熱量単位。

する（3000，5000，7000のように）。次のサイズのエアコンを必要とする部屋に最も近いサイズはどれか？

　　a. 7800
　　b. 2400
　　c. 16,200
　　d. 14,100
　　e. 6300

4．会計監査

監査において，金額はすべてドル単位に丸める。また，端数が0.5ドルの場合はすべて偶数のドル単位に丸める。

以下の金額を監査人の方法を用いて丸めよ。

　　a. 7.85ドル
　　b. 12.26ドル
　　c. 13.50ドル
　　d. 188.50ドル
　　e. 60.90ドル

5．消防士

ノズルから出る水流の計算では，摩擦損失などの影響を考慮せずに15psi[※2]まで誤差があって構わない。したがって，計算を簡単にするために，正確な数値との差が±15psi以内であれば，ノズルの水圧を丸めることができる。

以下の水圧を25の倍数に最も近い値に丸めよ。それは元の数値との差が±15psi以内だろうか？

　　a. 266 psi
　　b. 312 psi
　　c. 238 psi
　　d. 329 psi

[※2] psi：1平方インチ当たりの水圧のポンド数。

6. 臨床検査技師　難易度 ★☆☆

コールター社製の細胞計数装置はデジタルで読み取りができ，報告書は四捨五入して小数点以下2桁まで求めればよい。次のように読み取った数値を丸めた値を示せ。

- a. 5.438
- b. 5.732
- c. 6.003
- d. 5.555

10進数以外の数値を扱う・・・

7. データ処理（プログラマー，技術研究員を含む）　難易度 ★★☆

スタート点が1AB0，そこからの距離が3C0の場合のコアマップの位置を求めよ（ともに16進数）。

- **ヒント**：2つの数の合計を求める。答えは16進数で。

8. データ処理（プログラマー，技術研究員を含む）　難易度 ★★★

あるプログラムは9CEC6でスタートして9D974で終了した（ともに16進数）。このプログラム終了時のステップ数を10進数で答えよ。

9. データ処理（プログラマー，技術研究員を含む）　難易度 ★☆☆

コンピュータの記憶装置では，8進法の数値で情報を格納している（8進数）。93を8進数で表せ。

10. 技術研究員　難易度 ★★☆

地球観測衛星ランドサットは地球の天然資源を調べるために利用されていて，250段階の明るさを識別できなければならない。画像は2進数で表示され，電波で地上に送られてくる。250段階の明るさのすべてを送信するには何桁必要か？

科学的(累乗による)表記法で・・・

11. 電気技術者　難易度 ★★★

ある電気技師は，以下の計算で大きい数値を科学的表記(累乗)を用いて簡潔化した。

ある学校がフットボール場の照明設備の運用にどのくらいの費用がかかるか知りたい。4本の柱のそれぞれに1500ワットの照明が16基と，4本の柱のそれぞれに1650ワットの照明が8基ずつ設置されている。この学校が年間約120時間照明する予定であれば，1キロワット時あたり平均10セントとすると，どのくらいの費用がかかるか？

12. 臨床検査技師　難易度 ★☆☆

臨床検査技師は，検査で常に生じる非常に大きな数値と非常に小さな数値を累乗で示している。

　a. 赤血球数は血液1立方ミリメートル中の数値で表す。正常値は1立方ミリメートル中に約5,000,000個である。この濃度を累乗で表せ。
　b. 1立方ミリメートル中に9700個の白血球数を累乗で示せ。

13. 技術研究員　難易度 ★★☆

地球観測衛星ランドサットの探知機(p.65, 問題10参照)は，太陽の反射光1ワットにつき0.5アンペアの電流を生じる。太陽光なしでは2×10^{-12}アンペアの揺らぎ電流を生じる。ゆらぎ電流の100倍の電流を得るには，この探知機に何ワットの太陽光が当たればよいか？

> 確率は・・・

14. 生産技術者

難易度 ★★★

　ある技術者はプラスチック部品用の金型を必要としている。金型の選択肢は3つあり, 概算コストは以下の通りである。

金型の種類	金型のコスト	1回の注文での部品単価	
		10,000個まで	10,000個以上
凹部1個取り	3000ドル	@0.30ドル	@0.25ドル
凹部2個取り	4650	@0.17	@0.13
凹部3個取り	5800	@0.11	@0.09

必要な部品数は確実ではないが, 見通しは以下の通りである。

- ・3000個必要になりそうな確率は0.2
- ・12,000個必要になりそうな確率は0.5
- ・20,000個必要になりそうな確率は0.3

この技術者はどの金型を注文すべきか?

● **ヒント:** まず各金型に必要になりそうな個数のコストを出す。次に, 各金型に算出されたコストに予測される確率を乗じて, それを金型のコストに加算する。各金型の合計金額を比較して, コストが最も低い金型を選ぶ。

15. 技術研究員

難易度 ★★★

　各種の公的機関や私的機関に技術研究員が雇われているのは, 綿密な調査研究を行うためである。たとえば, ある法律執行機関は自動車の運転者について以下の確率を知りたいと考えている。

- a. 飲酒運転で事故を起こす確率
- b. 飲酒なしで事故を起こす確率
- c. 飲酒運転で逮捕, 有罪になる確率
- d. 飲酒運転で逮捕, 放免される確率
- e. 飲酒運転でも停車を求められない確率

研究員は各項目の確率を以下のように判定した。

飲酒運転		0.02
飲酒運転	停車を求められない	0.99911
	事故を起こす	0.00045
	逮捕される	0.00044
	逮捕後に放免される	0.30
	逮捕後に有罪となる	0.70
飲酒なしで運転		0.98
飲酒なしで運転	停車を求められない	0.99984
	事故を起こす	0.00016

以上に記した各項目の確率を用いて，a～eが発生する確率を求めよ。（この設問には計算機が必須である。答は，必要なら小数点以下7桁まで計算すること。）

負数で表すと・・・

16. 航海士

明日の港湾の干潮は－0.7フィート，満潮は16.9フィートである。干潮・満潮の差は？

17. 印刷業

ある印刷工は，月初め10日間の印刷作業量を1日分のノルマと比較して，以下のように記録した（＋はノルマ以上，－はノルマ以下）：＋15.75ドル，－23.07ドル，－4.68ドル，－11.19ドル，＋8.42ドル，＋10.25ドル，－6.59ドル，－2.01ドル，－6.15ドル，＋7.12ドル。ノルマと比較した作業量の総計はいくらか？

Part 2

実用的な幾何学

いったいいつ使うことになるの？

計測と換算　*70*
面積と周の長さ　*77*
体積・容積　*90*
ピタゴラスの定理　*96*

いったいいつ使うことになるの？
計測と換算

1. 航空整備士　　　　　　　　　　　　　　　難易度 ★★★

航空機に金属板をリベット付けにするとき，整備士はリベット間の間隔を取るのに一定のガイドラインに従う必要がある。たとえば，$\frac{1}{4}$インチのリベットなら$1\frac{1}{4}$インチの間隔を取らないといけない。さらに，最初と最後のリベットはこの金属板の端から$\frac{3}{4}$インチ離す必要がある。

一例を挙げると，$4\frac{1}{2}$フィートの金属部分に必要なリベット数を決めるとき，両端から除外する長さ$1\frac{1}{2}$インチを54インチから差し引く。これでリベットを打つべき長さとして$52\frac{1}{2}$インチが出る。次に，これを$1\frac{1}{4}$インチ（リベット間の間隔）で割ると42となる。最後に両端にリベットがあることから1を加える。結果，43個のリベットが必要となる。

では，5フィート9インチの長さの金属板には$\frac{1}{4}$インチのリベットが何個必要か計算しよう。
- 1フィート＝12インチ

2. 建設資材受注担当　　　　　　　　　　　　難易度 ★☆☆

顧客から1200ポンドの石の注文が来た。小型のトラックの積載重量は$\frac{3}{4}$トン。このトラックで注文品を配達できるだろうか？
- 1ポンド≒0.454kg，1トン≒2000ポンド

3. 建設資材受注担当　　　　　　　　　　　　難易度 ★☆☆

ある顧客が面積8フィート×16フィート，深さ4インチの部分をセメントで固

めたい。セメント量は立方ヤードで量るため,上記の各寸法をヤードに換算せよ。
- 1フィート=12インチ,1ヤード=3フィート

4. 栄養士

病院の栄養士は医師と調理人の「仲介人」の役目を果たす。医師は患者の食事や飲物をある単位の量で指示する一方,調理人は別の単位を使って量る場合がある。換算するのは栄養士の責任である。

1オンス=30グラムであるなら,医師が患者の食事の肉を4オンスと指示すれば,調理人には何グラム量るように指示すべきか?

5. 栄養士

医師が患者の朝食のジュースを60ccと指示する。120ccが約$\frac{1}{2}$カップなら,調理人にはジュース何カップと告げるべきか?

6. 栄養士

通常の食卓塩はナトリウムが40%であり,医師が食事の塩分を1グラムと指示すれば,患者は何ミリグラムのナトリウムをとるべきか?

7. 製図工(建築士,大工,請負業を含む)

1インチ×6インチのレッドウッドの張り板は完成時に幅$5\frac{1}{2}$インチになるとすれば,15フィート6インチ×35フィート3インチの天井を張るには長さ何フィートの張り板が必要か?(各段の端数は1枚とする。)

8. 農業指導員

噴霧薬の濃度はオンス量に端数がある場合にメートル表記されることが多い。たとえば,ある農家が有効成分0.2367オンスの農薬を1エーカーに1ポンド散布する必要があったとする。これを7ミリリットルに換算してから計量するとかなり正確な量が出る。

1液量オンス=29.57ミリリットルとして,有効成分1.606オンスは何ミリリットルに相当するか?(近値の0.5ミリリットル毎に切り上げまたは切り下げる。)

9. 水資源管理者　　　　　　　　　　　　　難易度 ★★★

　水質管理者は1エーカーフィートが何ガロンに当たるかを知っておく必要がある。流量換算表によると, 毎分450ガロンは24時間につき2エーカーフィートに等しい。このことから1エーカーフィートは何ガロンかを計算せよ。

10. 水資源管理者　　　　　　　　　　　　　難易度 ★★★

　貯水槽への流量が1秒間に15立方フィートなら, 1,000,000ガロンの貯水槽を満杯にするにはどれだけ時間がかかるか(何時間何分何秒)?
- **ヒント:** 1立方フィート＝7.48ガロン

11. 生産技術者　　　　　　　　　　　　　　難易度 ★★★

　ある積載物は1平方インチにつき26ポンドの圧力をかけている。これは1平方フィート当たり何ポンドになるか?
- 1フィート＝12インチ

12. インテリアデザイナー　　　　　　　　　難易度 ★★★

　カーペットは通常12フィート幅で入荷するため, カーペットの注文には手間がかかる。顧客のカーペットを敷く部屋が14フィート×20フィートなら, カーペットの無駄を最小にするためには次のようなプランが考えられる。

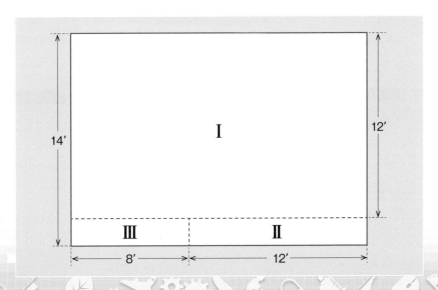

このプランでは，面積Iは20×12フィート，面積IIは2×12フィート，面積III は2×8フィートである。無駄は面積IIIの部分から出る2×4フィートのみで， 必要な面積は合計24×12フィートとなる。

　無駄がまったく出ない方法もあるが，これだと小片をつぎ合わせるため多数 のつぎ目が出ることになる。

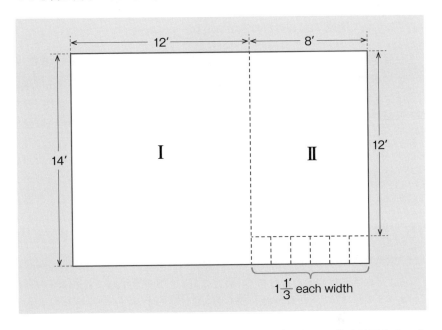

　12フィート幅のカーペットを用いて，次のサイズの部屋に敷く計画を立てよ う。できるだけ無駄を出さずに，しかもつぎ目は3本までにすること。

a. 18フィート×30フィート
b. 13フィート×19フィート

13. インテリアデザイナー　　難易度 ★★★

　カーテン生地には様々な模様があるため，注文には手間がかかる。客は丈（縦） の方向に1フィート単位で購入しなければならない。必要な長さが模様の途中 で終わる場合には，余計な部分も購入しなければならない。

ある客はカーテンの長さが7フィート必要で、そのカーテン生地は縦に16インチ毎の模様を繰り返すとする。客が購入すべき長さは？
- 1フィート＝12インチ

14. インテリアデザイナー　難易度 ★★★

問題13でカーテンを丈(縦)の長さで注文する方法を説明した。以下の実例とそれに続く問題では、幅の決め方がわかる。

客は幅100インチの窓にカーテンをかけたいとする。まず初めに、縁と、重なりと、折り返し用に13インチ加える。次にひだ用として「100％ひだ」の長さを加えると226インチになる。最後に、このカーテン地は44インチ幅で入荷するため、226インチを44インチで割って端数を切り上げる(幅の端数は注文できない)。最終的に注文する幅は6幅となる。次の問題をやってみよう。

窓の幅は92インチ。折り返しと重なりと縁用に12インチとると、54インチ幅のカーテン地を何幅購入しないといけないか？(100％ひだにするとする。)

15. 営業(コンピュータ)　難易度 ★★★

営業担当者は、顧客がコンピュータ機器を設置しようとする空間に収納できるように手助けすることもある。最近のコンピュータ機器の寸法はメートル表示で入ってくるため、英語圏の単位とメートル法の単位の間で換算が必要になる場合が多い。

90センチ幅の機器は3フィート幅のドアを通れるか？
- **ヒント**：1インチ＝2.54センチ

16. 臨床検査技師　難易度 ★★★

通常の生理食塩水(0.85％、または100ミリリットルにつき0.85グラム)を作るには1リットルの水に何グラムのNaCl(塩)を加えればいいか？

17. 臨床検査技師　難易度 ★★★

臨床検査所の薬剤は現在1リットル当たりのミリモル量で計測されるものが多いが、以前は100ミリリットル当たりのミリグラムで与えられていた。これ

を換算するには，100ミリリットル当たりのミリグラム数を10倍して，その物質の分子量で割る。

分子量40として，100ミリリットル当たり12ミリグラムのカルシウム溶液を1リットル当たりのミリモル量に換算せよ。

18. 気象予報士　難易度 ★★☆

1エーカーに1インチの雨が降ると何トンになるか？

● **ヒント**：1立方フィートの水の重さは62.4ポンドであり，1エーカーは43,560平方フィートに等しい。四捨五入して10分の1の位まで求めよ。

19. バイク修理販売　難易度 ★☆☆

日本製オートバイの部品はメートル法で表記される。アメリカ製バイクに日本製の部品を求める客があるため，メートル表記に最も近いサイズの部品を探すには換算する必要がある。

長さ$\frac{1}{2}$インチ，直径$\frac{1}{4}$インチのボルトを欲しい客がいるとする。この寸法に対応するセンチメートル表記のボルトを見つけよ。

● **ヒント**：1インチ＝2.54cm

20. バイク修理販売　難易度 ★★★

190ccのタンクを満タンにするには何オンスのフォークオイルが必要か？

● **ヒント**：1オンス＝29.57cc。四捨五入して10分の1の位まで求めよ。

21. 看護師　難易度 ★★★

手術前の投薬液には，他の成分とともに0.2mgのアトロピンが含まれていなければならない。看護師は1ccに0.8mgのアトロピンを含む溶液を持っている。1ccが16ミニム[※1]に等しいなら，必要量のアトロピンを含む溶液は何ミニムか？

※1　ミニム：液量の最小単位。

22. 薬剤師

ある特定の場合に1ccの重さが1グラムとすれば、ニュートラルレッド[※2]の0.01％溶液を70cc作るには何ミリグラムのニュートラルレッドが必要か？

23. 配管工（配管検査員）

ガス器具は1時間に必要なBTU（英国熱量単位）[※3]の数値で評価される。ガスの配管を設計するときに、配管工は1時間当たりのガスのBTU値を1時間当たりの立方メートルに換算する必要がある。次の器具にガスを供給するには、立方フィート単位に四捨五入すると、毎時何立方フィート必要か？

- **ヒント：** 1立方フィートは1100BTUである。

   a. 冷蔵庫：3000BTU

   b. レンジ：65,000BTU

   c. 暖炉：150,000BTU

   d. 湯沸かし器：50,000BTU

24. 配管工

5カ所のパイプの寸法が8フィート6インチ、6フィート7インチ、10フィート4インチ、9フィート2インチ、4フィート4インチなら、必要なパイプの全長は？

25. 印刷業

ページサイズが$8\frac{1}{2}$インチ×11インチのカタログの注文がある。これを$17\frac{1}{2}$インチ×$22\frac{1}{2}$インチの大判用紙に印刷してからカットする。8000ページ印刷するには大判用紙が何枚必要か？

[※2] ニュートラルレッド：核を赤く染める染色用の色素。
[※3] BTU：1ポンドの水の温度を華氏1度上げるのに必要な熱量。

いったいいつ使うことになるの？
面積と周の長さ

1. ショッピングモール管理運営

下図のような場所を，1平方フィートにつき1.50ドルで，ある店舗に貸している。この店舗に請求する賃料を求めよ。

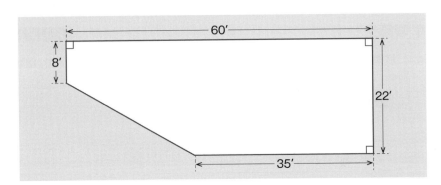

2. 航空整備士

翼の面積は翼幅(S)に翼弦の長さの平均値(C)をかけた値に等しい。

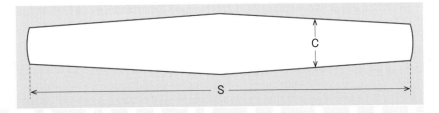

翼幅が68フィート，翼弦の長さの平均が7.5フィートである翼の面積を求めよ。

3. 家電店主任

エアコンで室内を冷房するのに必要なBTUの値を決める公式は次の通りである。

BTU＝面積（平方フィート）×日照係数×気候係数

この式を使って，次の表の各部屋を冷房するのに必要なBTUを求めよ。

	部屋のサイズ(フィート)	日照係数	気候係数
①	22×16	北：20	バファロー：1.05
②	13×12	西：25	ポートランド：0.95
③	17×14	東：25	トペカ：1.05
④	26×18	南：30	サンディエゴ：1.00
⑤	23.5×15.3	北：20	タコマ：0.95

4. 建築士

建築基準法によれば，建築物の敷地は最低1250平方フィートで，敷地幅20フィート以下は不可である。敷地が32フィート×38フィートなら認可されるだろうか？

・19フィート×70フィートの敷地は？
・42フィート×35フィートは？

5. 弁護士

ある依頼人が不動産の3分の1を相続した。100エーカーの土地のうち，他の部分よりも価値が高い部分があるため，この依頼人にはオリーブの木が植えられている22エーカーの区画が与えられた。与えられた区画の法的表記を基に，代理人（弁護士）は図のような見取り図を作った。この土地が22エーカーに等しいか否かを判断せよ。

● **ヒント**：1エーカー＝43,560平方フィート

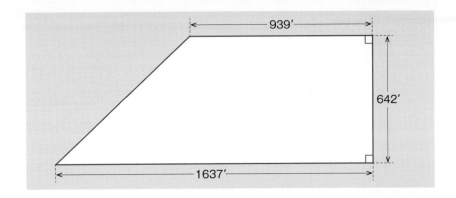

6. 大工　難易度 ★☆☆

4フィート×6フィートのコンクリートパッドを囲むには何フィートの型材が必要か？

7. 大工　難易度 ★☆☆

直径6フィートのホットタブ※1の周囲に空気入りのふちを取り付けるのに必要な管の長さは？（端数はフィートに切り上げる。）

8. 土木技師　難易度 ★★★

24フィート幅の道路に，1平方ヤード当たり0.005ガロンの割合で希釈アスファルト乳剤を散布しなければならない。希釈アスファルト乳剤は1トンが240ガロンである。4.3マイルの道路には希釈アスファルト乳剤が何トン必要か？（四捨五入して100分の1の位まで求めよ。）

9. 土木技師　難易度 ★★★

郡の交通局は既存の道路に右折レーン※2を新設するために私有地を購入する必要がある。下図の破線は既存の境界線を示し，実線は新設する右折優先レーンを示す。土地はエーカー単位で購入するため，郡が購入すべき私有地の面積（エーカー数）を計算せよ。

- **ヒント：** 1エーカー＝43,560平方フィート。1000分の1の位に四捨五入すること。

※1　ホットタブ：複数の人がくつろいで入浴するための大型の風呂桶で，円形である。
※2　米国は右側通行のため，右折レーンは常に右折可である。

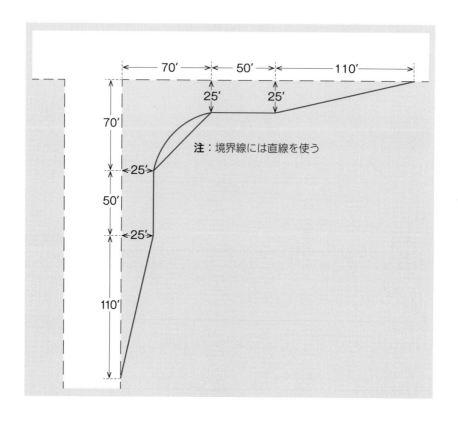

注：境界線には直線を使う

10. 建設資材受注担当(石積工事請負業を含む) 難易度 ★★★

あるタイプのレンガ積みには1平方フィートにレンガ4個が必要になる。下図のような通路には何個のレンガが必要か？

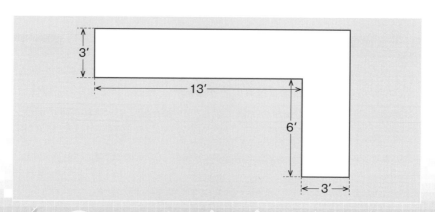

11. 請負業（工事全般） 難易度 ★☆☆

左官工事は1平方ヤード当たり16ドルかかる。天井高9フィートの家屋では，長さ80フィートの壁の左官工事にはいくらかかるか？

- 1ヤード＝3フィート

12. 森林管理計画 難易度 ★★★

石油パイプラインの計画路は合計18.4マイルほどが国有林を横切ることになる。米国森林局は石油会社に対して国有林使用料として1エーカー当たり28ドルを請求する。パイプラインに必要な土地の幅は210フィート。使用料を計算せよ。

- **ヒント：** 1マイル＝5280フィート，1エーカー＝43,560平方フィート

13. 森林公園管理 難易度 ★★☆

公園がどの程度利用されているかを調べるために，管理者は1日当たりの「入場者×時間」[※3]数を算出する必要がある。来園者数と滞在時間を現場でカウントする代わりに，米国森林局は三角形の面積を基に延べ人数を推計するという興味ある方法を考案した。

ある公園でピーク時の午後2時に駐車場に126台の車があったとする。1台当たりの平均来園者は3.5人であるから（既知の統計による），午後2時には公園内に約441人いたことになる。公園利用者は開園時間（午前10時）から徐々に増加し，ピーク時から閉園まで徐々に減少すると仮定すると，1日の利用を，下図のような三角形で捉えることができる。

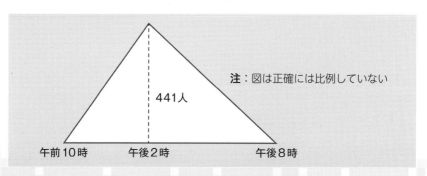

注：図は正確には比例していない

[※3]「延べ入場者数」の意。

三角形の底辺は10（開園している時間），高さは441（営業時間内のピーク時の人数）である。三角形の面積2205は1日当たり推定される延べ人数として信頼できると言えよう。

　ある公園は午前9時から午後6時まで開園しているとする。森林局のデータによると，ピーク時の午後1時には1日平均143台の車が駐車する。1台当たり平均3.5人として，上述の方法を使って1日当たりの延べ入園者数を推計しよう。

14. 水資源管理者　　　　　　　　　　　　難易度 ★★★

　水資源管理者の仕事のひとつに流水の測定がある。流水値を使って，自治体の給水量，洪水管理情報，灌漑供給量，川に住む魚のための酸素供給といったことを判断する。

　流水量，つまり1秒間に流れる水の立方フィート量は，流れの断面積（平方フィート）に流水速度（1秒間に流れるフィート数）をかけて計算する。流水速度を決めるには，「ピグミーメーター」のような精密計器を利用してもいいし，単に流れの中に小枝を投げ入れて，一定距離の移動にかかった時間を計ってもよい。

a. ある流れの断面は下図に示した台形に近い。流れに小枝を投げ入れ，100フィート移動するのに7.5秒かかることがわかった。この台形の断面積と，毎秒フィート数で流速を，毎秒立方フィート数で流量を計算しよう。

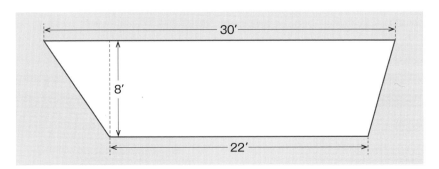

b. 流れの断面積をより正確に読み取るために，下図のように5フィート毎に深さを読み取り，得られた各部分を三角形や台形であると仮定して計算してもよい。下図の流れの断面積を計算し，ピグミーメーターで測定した流速が毎秒2.5フィートである場合の流量を計算せよ。

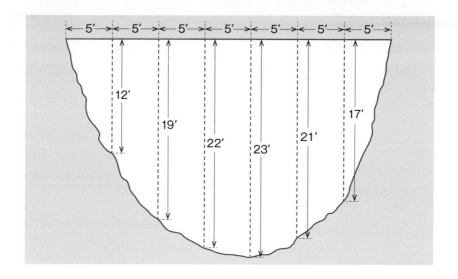

15. 税理士（所得税）　難易度 ★☆☆

自宅にオフィスを構える納税者は，自宅関連費用の一定割合を控除できる。この割合は自宅面積に対するオフィス面積を基準にする。

ある依頼主の自宅は2150平方フィートである。この家に13フィート×9フィートのオフィスを持っている。

　a. オフィスの面積は？

　b. このオフィスは自宅面積の何％か？（四捨五入して10分の1の位まで求めよ。）

16. 生産技術者　難易度 ★★★

工場内で工員1名が必要とする面積は平均25平方フィートである。この工場の見取図は1フィートが $\frac{1}{32}$ インチの縮尺で引かれている。見取図上で $18\frac{1}{2}$ インチ×$7\frac{1}{8}$ インチの面積に工員は何人納まるか？

● 1フィート＝12インチ

17. 保険代理業　　　難易度 ★★★

改築費用が急騰しているため，保険代理業者は顧客の家屋に十分な保険をかけさせなければならない。1平方フィート当たり80ドルの改築費用で，下図に示した寸法の家にはどれだけの補償金が必要か？

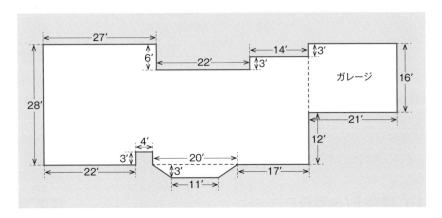

18. インテリアデザイナー　　　難易度 ★★☆

客は，2面が壁になっているシャワー室を72インチの高さまで人造大理石で囲いたい。2面の壁の幅は38インチと70インチであり，大理石の価格が1平方フィート当たり35ドルなら，大理石の価格は合計いくらになるか？

19. インテリアデザイナー　　　難易度 ★★☆

部屋の広さは24フィート×16フィートである。

　　a. 敷きつめるじゅうたんは何平方ヤード必要か？
　　b. 周囲に取り付ける鋲留め用の幅紐は，長さ何フィート必要か？

● 1ヤード＝3フィート

20. 造園業　　　難易度 ★★★

アスファルト舗装の費用が1平方フィートにつき0.78ドルの場合，次の図の環状道路の費用を計算せよ。π＝3.14とし，セント単位に四捨五入すること。

● 1ドル＝100セント

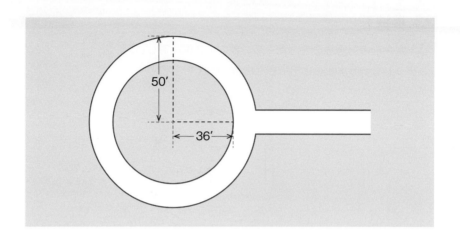

21. 造園業

難易度 ★★☆

半径25フィートの環状の歩道を囲んで6インチ間隔で植物を植えるのに必要な本数は？

22. 機械工

難易度 ★★★

下図に示した金属片のカーブの長さを求めよ。計算には内側の半径と外側の半径の平均値を用いて、四捨五入して100分の1の位まで求めよ。（金属片は円弧状に曲げるとする。）

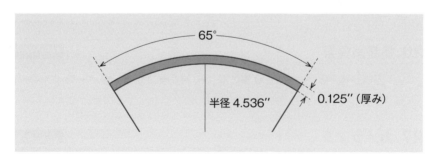

23. 機械工

六角形の対角線の長さは一辺の長さの2倍に等しい。一辺が $\frac{1}{4}$ インチの六角ナットを切り出すのに用いる丸棒の直径は？

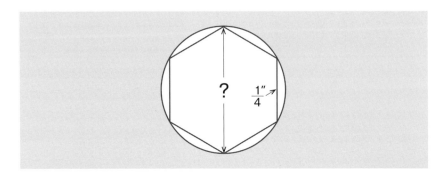

24. 石積工事請負業

ブロック工事の目安は，1平方フィート当たりに必要なブロック数が1.1個である。高さ $5\frac{1}{2}$ フィート×長さ87フィートの壁に必要なブロックの数は？

25. 気象予報士

気象予報士は気象データを計算したり説明したりする際に，360度の水平な円盤を利用する。観測者から12マイル離れた雲の集団が240度から360度の水平線をぼやかしている場合，この雲団の幅は？

26. 塗装請負業

1ガロンのペンキで約300平方フィート塗装できる。幅が平均4フィートで長さ340フィートのひさしを塗装するのに必要なペンキの量は？

27. カメラマン

8インチ×10インチの写真50枚を表面処理できる量の液剤がある。11インチ×14インチの写真を28枚処理しなければならない。液剤の量は十分あるだろうか？

28. 配管工（配管検査員）

規定によると、レストランの長方形ダクトは1.6平方フィートの面積がなければならない。構造上の制約からダクトの幅は10インチしかとれない。長さはどれほどにすべきか？

29. 印刷業

ある書式をNCR紙（特殊カーボンで裏打ちした複写紙）に5000枚複写しなければならない。この複写紙は$1\frac{5}{16}$インチ×$2\frac{11}{16}$インチの面積の部分を減感[※4]する必要がある。1平方インチを減感するために$\frac{1}{2}$ポンドの減感インクが必要であるなら、5000枚には何ポンドの減感インクが必要か？（四捨五入して1の位のポンド数まで求めよ。）

30. 印刷業

5インチ×7インチの写真を大判シートに印刷する必要がある。大判シートは26インチ×40インチまたは23インチ×35インチのサイズで入荷する。それぞれのシートに印刷できる写真の枚数を計算せよ。次にそれぞれのシートから出る無駄を写真1枚につき何平方インチか計算せよ。（写真の並べ方は一定方向、つまりすべて縦か、すべて横に並べるとする。）

31. 不動産業

1450フィート×2185フィートの土地は何エーカーか？

● **ヒント:** 1エーカーは43,560平方フィート。四捨五入して10分の1の位まで求めよ。

32. 不動産業

次の図の各区画が100フィート×250フィートであるなら、網かけ部分の土地は合計何平方フィートになるか？

[※4] 減感：感圧紙の一部に複写が出ないようにすること。

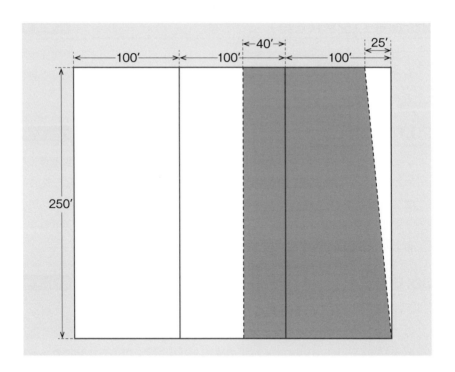

33. 不動産業　　　　　　　　　　　　　　　　難易度 ★★★

　　間口67.34フィート×奥行き177.46フィートの長方形の区画を，1平方フィート当たり27.5ドルで売った。売値はいくらになるか？（ドルに四捨五入する。）

34. 冷暖房工事　　　　　　　　　　　　　　　難易度 ★★★

　　長さ2フィートのパイプを，幅2フィートの薄板から作る。パイプの直径は8インチで，重なり部分用に$\frac{1}{2}$インチ余計に切り取る必要がある。パイプの全周を調達するには薄板をどのくらいの長さに切り取る必要があるか？（8分の1インチの整数倍に丸めよ。）

35. 冷暖房工事　　　　　　　　　　　　　　　難易度 ★★★

　　60インチ×20インチ×10インチの直方体の閉鎖タンクを銅板で内張りしないといけない。内張りすべき総面積は？

36. 技術研究員 難易度 ★★☆

ランドサット衛星は100分で地球を一周する。地球の半径は6370キロ。30秒でどれだけの距離を飛行するか？

37. 廃水処理業 難易度 ★★☆

流水のフィルターへの沈着量を計算するには，流量（1日当たりのガロン数）をフィルターの面積（平方フィート）で割る。流量が1日2,500,000ガロンの場合，直径60フィートの円形フィルターへの沈着量を計算せよ。（10分の1の位に四捨五入する。）

いったいいつ使うことになるの？
体積・容積

1. 経理　　　　　　　　　　　　　　　　　　　難易度 ★★★

　中小企業の経理担当者が高さ2フィート6インチ，直径15インチの円柱形のドラム缶2500本を外洋船で出荷するのに必要な空間を計算しなければならない。ドラム缶の総容積を立方フィート単位で計算しよう。ドラム缶同士の隙間は数えないとする。

2. 航空整備士　　　　　　　　　　　　　　　　難易度 ★☆☆

　5フィート6インチ×3フィート9インチ×2フィートの荷室には何立方フィートの荷物が入るか？　荷物の形は直方体とする。

3. 弁護士　　　　　　　　　　　　　　　　　　難易度 ★☆☆

　依頼主である工事会社は，貯水槽の設置工事をした土地の所有者と紛争中である。この土地の所有者は，初めに契約した500ガロンの水がこのタンクに入るとは思えないという。タンクは円筒形で，半径3フィート，高さは2フィート4インチである。1立方フィート＝約7.5ガロンとして，このタンクの容積を求めよ。

4. 土木技師　　　　　　　　　　　　　　　　　難易度 ★★★

　長さ9フィート，厚さ9インチのコンクリート製のパイプを作る際に，内径54インチなら必要なコンクリートは何立方ヤードか？（四捨五入して100分の1の位まで求めよ。）

- 1ヤード＝3フィート

5. 土木技師

直径6インチの金属パイプを埋めるために、幅15インチ、深さ4フィート、長さ160フィートの溝を掘る。金属パイプは溝の全長を占めるとして、溝の埋め戻しに何立方ヤード必要か？（四捨五入して100分の1の位まで求めよ。）

6. 土木技師

幅24フィート，長さ4.7マイルの道路に厚さ1インチのアスファルト舗装をする必要がある。原料の重さが1立方フィートにつき150ポンドであるなら，何トン必要になるか？

- 1マイル＝5280フィート，1トン＝2000ポンド

7. 土木技師

セメント0.24袋から1立方フィートのコンクリートが作れるなら、下図に示した断面を持つ長さ135フィートの擁壁には何袋必要か？

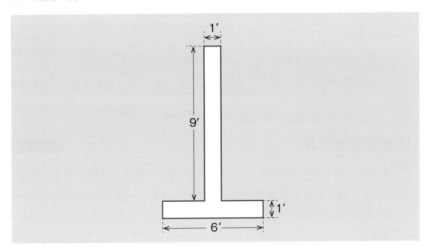

8. 建設資材受注担当

面積が30フィート×20フィート、深さが2インチの地面を埋めるのに必要な火山岩の重量を知りたいと顧客が言う。この種の岩石の重さが1立方ヤード当たり1050ポンドであるなら、顧客には何と答えたらよいか？（1の位のポンド数に四捨五入する。）

9. 請負業（工事全般，暖房工事を含む）

10,000立方フィートを暖房すべく設計された炉は，面積1500平方フィート，天井高8フィートの家に十分だろうか？

10. 消防士

直径$2\frac{1}{2}$インチのホースの長さ65フィート部分を満たすには何ガロンの水がいるか？

- **ヒント：**1ガロン＝231立方インチ。10分の1位に四捨五入する。

11. 地質調査

水量はエーカー・フィートで計測することが多い。1エーカー・フィートの水量とは面積1エーカーで深さ1フィートの水の量である。

地質調査員は，地下水源を分析するために雇われることもある。ある地下帯水層は面積2500エーカー，厚さ800フィート，比浸出量（地下水源から取水可能と考えられる水量の割合）が10％である。上記のデータを用いて以下の質問に答えよ。

a. この源泉から何エーカー・フィート取水できるか？

b. 年間1800エーカー・フィートの割合で引水するとして，地下水源は何年もつか？

12. 水資源管理者

大火災で丘の植生が丸裸になった。水資源管理者は洪水管理情報を収集するために，大嵐が来る前に土壌に釘を打ち込んでおく。（釘の頭は地面と同一面とする。）嵐のあと，260フィート×475フィートの長方形の区域で釘の頭が平均$1\frac{1}{4}$インチ露出していた。何百立方フィートの土が流されたか？

13. 生産技術者

5000ガロン入るタンクを設計する必要がある。1立方フィート＝7.48ガロンであるなら，下記の質問に100分の1の位に四捨五入して答えよ。

a. 5000ガロン入る球形のタンクの直径は？

b. この量が入る立方体のタンクのサイズは？（一辺の長さで答える。）

14. 造園業(請負業を含む)　難易度 ★★☆

　土地の一部を平坦にする場合，高い部分から切り出す土の量と，低い部分を埋め戻すのに必要な量を知る必要がある。切り出す量と埋め戻す量をうまく調整すれば，新たに土を運び込む必要がなくなる。

　造園業者はまず切り出す土地の面積と埋め戻す土地の面積を計算し，次に体積を出すためにそれぞれに深さをかける必要がある。埋め戻すのに十分な土があるかどうか計算するには，通常切り出す量の10％のロスを見込むことになっている。

　面積375平方フィートの土地から深さ8フィートの土を切り出して，面積650平方フィートの土地で4フィートの深さを埋め戻すとする。切り出しから埋め戻しに10％のロスを見越すとして，調整をとるのに十分な土があるだろうか？　また，土の移動に積載量3立方ヤードのトラックで何回積み込むか？
- 1ヤード＝3フィート

15. 石積工事請負業　難易度 ★★☆

　建築基準法により，ブロック塀には24インチ×8インチの土台の構築が定められている。ブロック塀の長さが120フィートなら，10分の1の位まで出すとして，何立方ヤードのコンクリートが必要か？

16. 臨床検査技師　難易度 ★☆☆

　検査技師は，顕微鏡を通して正常でない試料を見ることがよくある。その試料についてさらに調べるために，その体積を算出しようとする。

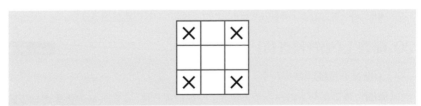

　各小区画の寸法が0.1mm×0.1mm，厚さ0.1mmであるなら，×印のついた小区画の体積の合計を求めよ。

17. バイク修理販売　難易度 ★★☆

　エンジンのシリンダーの内径を直径とし、エンジンの行程を高さとすると、その容積は排気量となる。内径56.5mm, 行程49.5mmのシリンダーの排気量はいくらか？　答は立方センチメートル(cc)で求めよ。

18. 配管工（配管検査員）　難易度 ★★★

　深さ4フィート3インチの浄化槽の平面図は下図の通りである。この数値を使って以下の問に答えよ。

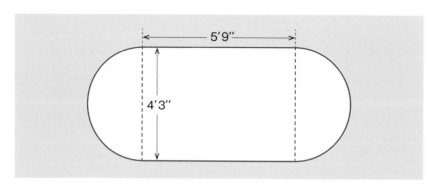

　a. ガロン単位での容量は？（1立方フィート＝7.48ガロン）
　b. 容量を1500ガロンにするには、図の5フィート9インチの長さを伸ばしてどれだけにすべきか？

19. 配管工（配管検査員）　難易度 ★★☆

　直径6インチ、高さ50フィートのパイプの上端まで水が注入されている。底面にかかる水の重さは？
　●**ヒント：**1立方フィートの水＝62.4ポンド。ポンドに四捨五入する。

20. 配管工（配管検査員）　難易度 ★★★

　土壌浸透速度試験を行う。直径4フィートのシリンダー状のトレンチ[※1]から、4時間に8フィートの水が滲み出た。規定によれば、このトレンチを通して24時

※1　トレンチ：土木用語で「細長い溝」の意。

間に5000ガロンの水を吸収しなければいけない。1立方フィート＝7.48ガロンとすると，この土壌はテストに合格するだろうか？

21. 印刷業　　　難易度 ★★☆

$8\frac{1}{2}$インチ×11インチのサイズで厚さが0.005インチの紙8000枚を出荷するのに，箱のサイズが12インチ×17インチ×12インチなら何箱必要か？

22. 冷暖房工事　　　難易度 ★★☆

客から14インチ×8インチの長方形の場所に収まる31ガロンのタンクを注文された。タンクの高さはいくらか？

- **ヒント**：1ガロン＝231立方インチ。インチ単位に四捨五入する。

23. 廃水処理業　　　難易度 ★☆☆

沈殿槽は長さ85フィート，幅24フィート，深さ12フィートである。ここには何ガロンの水が入るか？

- **ヒント**：1立方フィート＝7.48ガロン

24. 廃水処理業　　　難易度 ★★☆

長さ50フィート×幅20フィートの長方形の貯水槽に400,000ガロンの水を入れるための深さは？（10分の1の位に四捨五入する。）

25. 廃水処理業　　　難易度 ★★☆

流水速度が1秒間に0.4フィートなら，幅5フィート，深さ1フィートの開渠を通過する水量は1日当たり何立方フィートだろうか？

いったいいつ使うことになるの?
ピタゴラスの定理

1. 森林管理計画 難易度 ★☆☆

キャンプ場から公園の入り口まで直接通じる道路(下図のAからCまでの道路)の建設を検討中である。今は道路を6マイル進み,左折した後に4マイル進まなければならない。計画中の道路の長さを10分の1マイルの位まで求めよ。

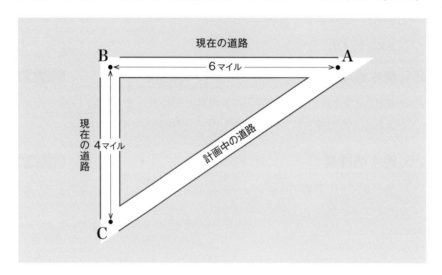

2. 生産技術者 難易度 ★★★

図のように,磁気ヘッドの摩耗が,弦ABの長さ0.250インチのところに達した。最初のギャップ※1の深さが0.125インチである場合,まだ使えるヘッドの

※1　ギャップ:磁気ヘッドの一部に設けてある空隙。

寿命はどれだけ残っているか？

- **ヒント：** まず摩耗したギャップの深さ x を求めて，この値を 0.125 インチから差し引けばよい。

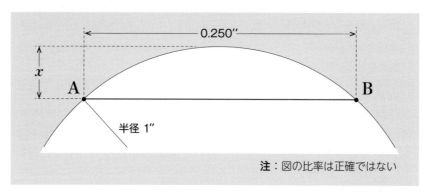

3. 気象予報士（パイロットを含む）　難易度 ★★★

パイロットが東に向かっており，2 時間後に 200 マイル離れた目的地に到着したいと考えている。風が北から南に向かって時速 20 マイルで吹いているなら，このパイロットが維持すべき速度は？（時速のマイル数に四捨五入する。）

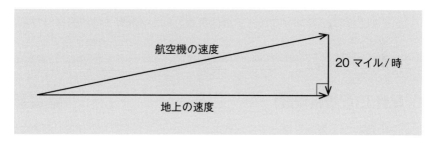

4. 気象予報士　難易度 ★★★

気象観測用の気球が風速 9.44 マイル/時のときに秒速 8 フィートの割合で上昇している。15 分後にこの気球は，打ち上げ地点から何フィート離れるか？（100 フィートの位に四捨五入する。）

- 1 マイル＝5280 フィート

5. カメラマン

難易度 ★☆☆

カメラマンはレンズを選ぶ際に画角を知りたいと思うことがある。画角αは右図のように定義される。

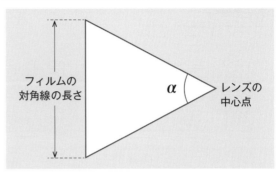

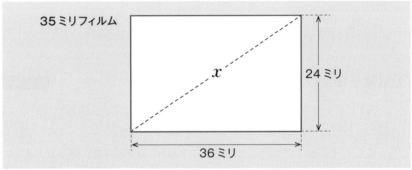

αを決めるには、まずフィルムの対角線の長さを計算する。35ミリフィルムは実際には36ミリ×24ミリであるとして、フィルムの対角線の長さを10分の1の位まで計算せよ。

6. 配管工（配管検査員）

難易度 ★★☆

45度のひじ型管を使って冷水管を3フィートずらす必要がある。斜めの管の長さは四捨五入して何インチになるか？

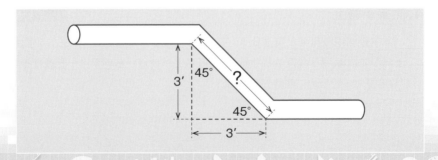

Part 3

初歩の代数

いったいいつ使うことになるの？

数式　*100*

一次方程式　*121*

いったいいつ使うことになるの？

数式

1. 経理

難易度

経理担当者は，事業が十分な収益を出しているかどうかを判断しなければならない。そのためには「総利益率」という数値を利用する。総利益率は，以下のような式で求められる。

$$総利益率(\%) = \frac{(売上高 - 経費)}{売上高} \times 100$$

売上高850,000ドル，経費550,000ドルの総利益率を計算せよ。（四捨五入して10分の1の位まで求めよ。）

2. 客室乗務員

難易度

動物の輸送費用を計算するために，航空会社の社員はまず下記の式のように動物小屋の躯体重量(D)を計算する必要がある。

$$D = \frac{LWH}{194}$$

この式でL，W，Hはインチ表示による小屋の寸法である。以下の寸法の小屋の躯体重量を求めよ。

    a. 30"×24"×18"

    b. 48"×36"×24"

（0.1ポンドの位に四捨五入すること）

輸送費の計算をさらに練習するには，上の結果を使ってp.37, 問題4を復習すること。

3. 航空管制官 　　　　　　　　　　　　難易度 ★★★

航空機のナビゲーション装置にトラブルが発生したため、パイロットは空港までの距離を知る必要がある。この機体は空港から磁北90度の方向にある。管制塔はパイロットに機首方向100度で飛行するよう指示する。この方向に飛行するには2分20秒かかる。飛行速度は120ノット[※1]。以下の2つの式を使って空港までの距離を(海里で)求めよ。

$$\text{空港までの時間(分)} = \frac{\text{方位間の時間(秒)}}{\text{角度の差}}$$

$$\text{空港までの距離(海里)} = \frac{(\text{速度}) \times (\text{空港までの時間(分)})}{60}$$

4. 会計監査 　　　　　　　　　　　　難易度 ★☆☆

監査役は、事業を譲渡するときに「課税基準額」を計算する必要がある。その計算式は以下の通りである。

$$M = \frac{P(C+L)}{T}$$

$M = $ 課税基準額
$P = $ 課税資産
$C = $ 現金
$L = $ 引受け債務
$T = $ 時価総額

ある事業が売却されたとき、55,000ドル相当の課税資産が人手に渡った。買い手は現金で6500ドル支払い、23,500ドルの債務を引き受け、時価総額75,000ドルの株式45,000ドルを売り手に渡した。この事業の課税基準額を計算せよ。

5. 地図製作 　　　　　　　　　　　　難易度 ★★☆

地図製作者は、地図上にどのような地勢や等高線を盛り込むかを決める正確な方法を編み出した。下記の式で地図上の線の最大長(S)が出る。これはプロットした曲線の最初の半径(R)と許容限度(E)という定数が基準になる。

$$S = \sqrt{8RE - 4E^2}$$

最初の半径0.20 mm、許容限度0.10 mmの場合、ある線の最大長を求めよ。(四捨五入して100分の1の位まで求めよ。)

※1　1ノット：速さの単位。1時間に1海里(1852m)進む速さ。

6. 土木技師

四角い柱の圧砕荷重[※2]は、下記の式で求められる。

$$L = \frac{25T^4}{H^2}$$

L = 圧砕荷重(トン)
T = 木材の厚み(インチ)
H = 柱の高さ(フィート)

以下の圧砕荷重を求めよ。

　a. 厚さ4インチの柱で高さ8フィート
　b. 厚さ6インチの柱で高さ10フィート

7. 土木技師

ある計画道路は、下図のように急カーブしている。

$$L = \frac{2\pi rm}{360}$$

上記の式を使い、半径(r) 260フィート、中心角(m) 120度としてカーブの長さを計算せよ。(四捨五入して0.1フィートの位まで求めよ。)

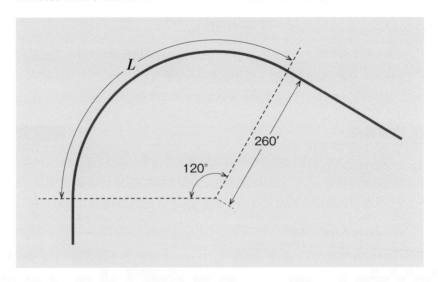

※2　圧砕荷重：圧縮試験や圧砕試験で生じる最大圧縮荷重のこと。

8. 土木技師

　土木技師は，道路を建設する工事に縦断曲線を使う必要がある。次の図は代表的な縦断曲線である。測量用語の定義は図の下にある通り。

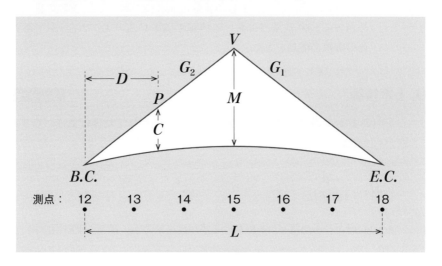

　$B.C.$ と $E.C.$ はそれぞれ曲線の始点と終点を示す。

　L は100フィートを基にした測点における曲線の長さである（上の例では曲線の長さが600フィートなので6となる）。

　G_1 と G_2 は％表示での勾配率である。

　V は勾配線の交点である。

　M は中央縦距離（V から道路までの垂直距離）である。

　D は $B.C.$ ないし $E.C.$ から問題となる測点までの（100フィート毎の測点における）水平距離である。いずれか短い方を使う。

　C は勾配線から特定の測点におけるカーブまでの補正値である。

　以下の式を使って，問題 a，b，c を解け。

$$M = \frac{(G_2 - G_1)L}{8} \qquad C = \frac{4MD^2}{L^2}$$

a. カーブの長さは600フィート，$G_1 = +3\%$，$G_2 = -2\%$である。中央縦距離 M を求めよ。
b. 勾配線から14番測点（$D=2$）におけるカーブまでの補正値 C を求めよ。
c. bの結果を，同じ測点における接線の標高に加算すると，実際の標高が求められる。14番測点における接線の標高が364.00フィートである場合の実際の標高を求めよ。

9. 土木技師　　難易度 ★★☆

下図のように，単純な梁では一方から他方に向かって均等に重さが増す。A 端からの距離 x におけるたわみ（O_x）は次の式で得られる。

$$O_x = \frac{W}{180EIL^2} \times (3x^4 - 10L^2x^2 + 7L^4)$$

A から32インチのポイントにおけるゆがみを求めよ。$W = 5000$ ポンド，$E = 3 \times 10^7$，$I = 11.2$，$L = 100$ インチとする。(四捨五入して1000分の1の位まで求めよ。)

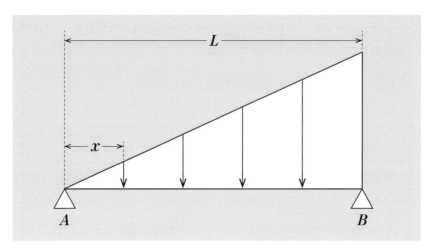

10. 電気技術者　難易度 ★★★

三相交流システムを用いる放電容量は、以下のようにして得られる。

$$電流 = \frac{P}{V\sqrt{3}} \qquad \begin{aligned} P &= 電力(キロワット) \\ V &= 電源電圧 \end{aligned}$$

電力が144キロワット、電源電圧が480ボルトの三相交流システムの電流（アンペア）を計算せよ。(四捨五入して1000分の1の位まで求めよ。)

11. 電気技術者　難易度 ★★★

電気技術者は、室内で利用するための十分な明るさを供給する照明装置を設計しなければならない。そのために「フィート燭[※3]」という照度の単位を用いる。フィート燭は、次の式で求められる。

$$F.C. = \frac{LDU}{A} \qquad \begin{aligned} F.C. &= フィート燭 \\ L &= ルーメン[※4] \\ A &= 部屋の面積(平方フィート) \\ D &= 減光係数(ほこり等で妨げられる光の量の割合) \\ U &= 利用係数 \end{aligned}$$

96平方フィートの広さの部屋で3100ルーメンのランプが4個ついている固定照明具のフィート燭を計算せよ。$D = 0.75$、この場合の$U = 0.5$。(四捨五入して10分の1の位まで求めよ。)

12. 電気検査業務　難易度 ★★★

家庭への電気の供給は、必要な電流をサポートするのに十分な量でなければならない。アンペアで電流を計算するために、電気工は下記のような、式を用いる。

$$I = \frac{P}{E} \qquad \begin{aligned} I &= 電流(アンペア) \\ P &= 電力(ワット) \\ E &= 電圧 \end{aligned}$$

※3　フィート燭：1平方フィート当たり1ルーメン。
※4　ルーメン：「光束」の意。

1700平方フィートの家屋に居住する単一の家庭に1平方フィート当たり3ワット必要であるなら、全体的な電流をアンペアで計算せよ。電圧は115ボルトとする。(四捨五入して10分の1の位まで求めよ。)

13. 環境アナリスト　難易度 ★☆☆

新たな商業施設の開発が環境に及ぼす影響を分析するときには、まず交通量の増加によって増える大気汚染物質について考える。自動車のアイドリングによって悪化する汚染物質の1時間当たりのポンド数を計算する式は、次の通りである。

$$P = \frac{TEC}{16}$$

$T =$ 来店自動車数
$E =$ 平均排気量
$C =$ 補正率

1マイル当たりの平均排気量が0.0924ポンド、補正率0.29として、1300台の自動車の来店で排出される汚染物質の一酸化炭素の1時間当たりのポンド数を計算せよ。(四捨五入して100分の1の位まで求めよ。)

14. 農業指導員(または土木技師)　難易度 ★★☆

土地を平坦化する費用の見積り作業には、土を切り出す量と、埋め戻す量の計算が必要である。四角い土地で切り出す量を概算するには、次の式を使う。

$$V = \frac{A(C+D+E+F)}{16}$$

$V =$ 土の量(立方ヤード)
$A =$ 土地の面積(平方フィート)
$C, D, E, F =$ 四隅における切り出しの深さ(フィート)

6400平方フィートの土地の四隅の深さが2.3フィート、0.6フィート、1.4フィート、0.8フィートの場合、切り出す土の量を概算せよ。

15. 農業指導員　難易度 ★☆☆

次の式でポンプ装置の総合的な効率が得られる。

$$E = PM \qquad \begin{aligned} E &= 総合効率 \\ P &= ポンプ効率 \\ M &= モーター効率 \end{aligned}$$

ポンプ効率65％，モーター効率90％の場合，この装置の総合効率を求めよ。

16. 農業指導員　難易度 ★★☆

1年に1エーカーフィートの水を汲み上げるのに要する電力は次のようにして求められる。

$$KWH = \frac{1.024H}{E} \qquad \begin{aligned} KWH &= キロワット時 \\ H &= 圧力水頭^{※5}， \\ &\quad または汲み上げる高さ（フィート） \\ E &= 装置の総合効率 \end{aligned}$$

汲み上げる高さが150フィート，装置の総合効率が65％として，年間500エーカーフィートを汲み上げるのに要する電力を求めよ。

●ヒント：％は小数形式に変えること。四捨五入して100の位まで求めよ。

17. 農業指導員　難易度 ★★★

ポンプ装置に必要なモーター規模は，次の式を用いて求められる。

$$HP = \frac{DH}{3969E} \qquad \begin{aligned} HP &= モーターの馬力 \\ D &= ポンプの吐出量（gpm，ガロン/分） \\ H &= 圧力水頭（フィート） \\ E &= ポンプ効率 \end{aligned}$$

145フィートの圧縮水頭で，ポンプ効率が62％として，900gpm（1分当たりのガロン数）を汲み上げるのに必要なモーターの大きさを計算せよ。（四捨五入して整数で表せ。）

※5　圧力水頭：特定の圧力を出すのに必要な液柱の高さ。

18. 農業指導員 難易度 ★☆☆

下記の式は、川から水を引く際に土壌の透水深度を計算するのに用いられる。

$$D = \frac{RTP}{450A}$$

- D = 平均透水深度(インチ)
- R = 取水率(gpm, ガロン/分)
- T = 取水時間(時間)
- P = 土壌透水性(水1インチ当たりの透水のインチ数)
- A = 試験対象の畑の面積(エーカー)

面積が2分の1エーカーの畑の試験で、1分間に400ガロンの割合で4時間取水する。土壌の透水性が、取水する水1インチにつき5インチの場合、平均透水深度を求めよ。(四捨五入してインチで表せ。)

19. 消防士 難易度 ★☆☆

ノズルから放出される水の速度(1秒当たりのフィート数)は下記の式で求められる。

$$V = 12.14\sqrt{P} \qquad P = ノズルの圧力$$

ノズルの圧力が65psi[※6]の場合の放出速度を求めよ。(四捨五入して整数で表せ。)

20. 消防士 難易度 ★★☆

1分間当たりの水流速度(Q)は、次の式によりガロン数で求められる。

$$Q = 29.7 D^2 \sqrt{P}$$

- D = ノズルの直径
- P = 静水圧(psi)

$1\frac{1}{4}$インチのノズルから50psiで出る水の流速を計算せよ。(四捨五入してgpm[※7]で表せ。)

21. 消防士 難易度 ★★☆

直径$2\frac{1}{2}$インチ、長さ100フィートのホースに対して、psiで表示する摩擦損失(FL)は下の式で求められる。

※6 psi：1平方インチ当たりポンド数。
※7 gpm：1分当たりのガロン数。

$$FL = 2Q^2 + Q \qquad Q = 100\,\text{gpm 当たりの流速}$$

直径2$\frac{1}{2}$インチ，長さ275フィートで350 gpmを放水するホースの摩擦損失はどうなるだろう？

● **ヒント**：単位に注意。流速も摩擦損失も単位はともに100である。

22. 消防士　　　難易度 ★★★

消火用水の最長水平放水距離（S）は，次の式で計算される。

$$S = 0.5N + 26$$

Sの単位はフィート，Nは直径$\frac{3}{4}$インチのノズルに対するポンド単位のノズル圧である。Sは，ノズルの直径が$\frac{1}{8}$インチ増すごとに5フィート加算される。

ノズル圧が86ポンド，ノズルの直径が1$\frac{3}{8}$インチであるとき，最長水平放水距離は何フィートか？

23. 防火管理者　　　難易度 ★★★

森林管理局は，火災が起こったときに，地域に想定される被害の大きさを計算する式を作成した。この式で得られる数値は，防火予算を最も効率よく配分するために用いられる。式は次の通りである。

$$D = 2A + V \qquad \begin{aligned} D &= \text{想定される被害の大きさ} \\ A &= \text{低木再生の平均年数} \\ V &= \text{評価等級} \end{aligned}$$

以下の地域を，想定される被害の大きさの順に並べよ。

	低木再生の平均年数	評価等級
地域1	1年	6
地域2	10年	3
地域3	5年	7

24. 森林管理計画　難易度 ★★★

森林の管理計画は、かかるコストと利益との比較で決定される。将来的にコストがかかったり、利益がある場合、それらの価値を現時点での価値に換算すると、将来の価値は現時点の価値を下回る。これは、将来のその時点までの期間の利息を考慮するからである。次の式は、将来の価値を現時点での価値に換算するものである。

$$V_o = \frac{V_n}{(1+p)^n}$$

- V_o = 現在の価値
- V_n = 今からn年後の価値
- n = 期間(年数)
- p = 1ドルに対する年利

森林管理計画担当者は、防火帯の利益対コスト比率を求めようとしている。総コストは165,000ドルであり、それには茂みの伐採、樹木の損失、野生生物や流域への影響といった項目が含まれる。総コストのうち、今から1年後の支出が45,000ドル、今から2年後の支出が90,000ドル、今から4年後の支出が30,000ドルになる見込みである。利益は、損失や消火費用を回避することで、今から10年後に6,500,000ドル(面積10,000エーカーの消火活動にエーカー当たり250ドルと、損失にエーカー当たり400ドル)が実現できると考えられる。

上記の式を使い、3回のコストと、10年後の利益とを考慮し、それぞれの現時点での価格を計算せよ。利率は10%(1ドルに対して年利0.10ドル)とし、総合的な利益対コスト比率を10分の1の位まで計算すること。

25. 税理士(所得税)　難易度 ★★☆

大手の税理士事務所が繁忙期を前に、初めて書類を作成する人たちのためにスクールを開校する。十分な受講者数を確保すべく、妥当な新規受講者数を見積もるために、次のような2つの式が使われる。

$$Q = \frac{PV_L}{(P+V_L)} \quad \text{または} \quad Q = 4(3V_P - R)$$

- P = 千人単位の人口
- V_L = 千ドル単位の前年処理高
- V_P = 万ドル単位の予測処理高
- R = 再受講する人数

以下の条件のときに，上記2つの式を使って募集人数の見積もりをせよ。

・予測される処理高220,000ドル

・前年の処理高205,000ドル

・人口80,000人

・再受講者数50人

26. 生産技術者　　　　　　　　　　　　　　　　　難易度 ★★★

斜面に荷物を押し上げる際に必要な力（摩擦を差し引く）は，次のようにして求める。

$$F = LS \qquad \begin{aligned} F &= 力（ポンド） \\ L &= 荷重（ポンド） \\ S &= 傾斜度（小数） \end{aligned}$$

10フィートにつき $\frac{1}{4}$ インチ上昇する勾配で，15,000ポンドの荷物を押し上げるのに必要な力を求めよ。

27. 生産技術者　　　　　　　　　　　　　　　　　難易度 ★★★

毎分41クオートを汲み上げる液体ポンプを設計する必要がある。ポンプの回転速度は毎分6857回転。ポンプ中の液体の表面積は0.65平方インチである。下記の式を使ってポンプの長さを決めよ。

$$長さ（インチ） = \frac{流速（毎分のガロン数） \times 231（立方インチ/ガロン）}{速度（毎分の回転数） \times 液体の表面積（平方インチ）}$$

（四捨五入して小数点4桁まで求めよ。）

● 1ガロン＝4クオート

28. 保険金査定業務（ハイウェイパトロール隊員を含む）　難易度 ★★★

保険金査定人やハイウェイパトロール隊員は，誰に事故の落ち度があるかを重視する。事故の原因となる，車の速度を知るためにタイヤのスリップ痕を利用する。それには連続するスリップ痕を基に，グラフか（p.57参照）次の式のいずれかを用いて速度を求める。

$$V = \sqrt{30FS}$$

- V = 速度(時速マイル)
- F = 道路の摩擦係数(小数に変換)
- S = スリップ痕の長さ(フィート)

この式を用いて,摩擦係数40％の路上でスリップ痕225フィートの車の速度を計算せよ。(四捨五入して時速マイル数で表せ。)

29. 保険金査定業務(ハイウェイパトロール隊員を含む)　難易度 ★★★

問題28では,直線的なスリップ痕を残す車の速度を求めた。ときには旋回痕や遠心力のかかったスリップ痕を残す場合もある。その場合の速度を求めるには2つの式が使われる。下記の最初の式でスリップの旋回半径を求め,次の式で実際の速度を求める。

$$R = \frac{3C^2}{2M} + \frac{M}{24} \qquad V = \sqrt{15RF}$$

- R = スリップ痕の旋回半径(インチ)
- C = カーブの弦の長さ(フィート)
- M = 中央軸(インチ)
- V = 速度(毎時マイル)
- F = 摩擦係数(小数に変換)

路面の摩擦係数は60％である。弦の長さが45フィート,中央軸が13インチの遠心力のかかったスリップ痕を残した車の速度を求めよ。(四捨五入して毎時マイルで表せ。)

30. 保険金査定業務(ハイウェイパトロール隊員を含む)　難易度 ★☆☆

平常と違う状況では道路の摩擦係数は不明である。摩擦係数を算出するには下記の式が用いられる。

$$F = \frac{V^2}{30S}$$

- F = 摩擦係数
- V = テスト車の速度(時速マイル)
- S = テスト車のスリップの長さ(フィート)

時速55マイルで走行する車が320フィートほどスリップして停止した路面の摩擦係数を算出せよ。(四捨五入して100分の1の位まで求めよ。)

31. 造園業（農業指導員を含む）

難易度 ★☆☆

地面全体に散水するスプリンクラー装置を設計する際には，その装置の1時間当たりのインチ数での「散水量」（PR）を計算しなければならない。その式は下記の通りである。

$$PR = \frac{96.3F}{SL}$$

F ＝ 毎分の流量（ガロン）
S ＝ スプリンクラー同士の間隔（フィート）
L ＝ 列の間隔（フィート）

スプリンクラー同士の間隔が20フィート，列の間隔が15フィートで，毎分80ガロン散水する装置の散水量を計算せよ。

32. 造園業（土木技師を含む）

難易度 ★★☆

道路を通すために整地する際には，道路の勾配を知ることが重要である。それには次の式が用いられる。

$$S = \frac{D}{L}$$

S ＝ 勾配
D ＝ 高低差
L ＝ 水平距離

道路設計図の上で，A地点の標高は83.2フィート，B地点は86.7フィート，2地点間の距離は50フィートである。2地点間の勾配を％の形で求めよ。

33. 機械工

難易度 ★☆☆

六角形の形状は円筒から切り出すことが多い。多くの場合，「フラット[※8]」（f）間の長さはわかっているが，使用すべき円筒の直径を知るためには，六角形のコーナー間の長さ（d）を知る必要がある。

$d = 1.1547f$ という式を使って，フラット間の長さが1.3750インチの六角ナットを切り出すのに必要な円筒の直径を求めよ。（四捨五入して10,000分の1の位まで求めよ。）

[※8] フラット：直線部分（図を参照のこと）。

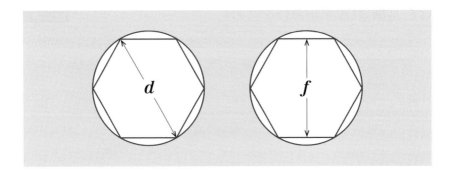

34. 臨床検査技師　難易度 ★★☆

酵素の濃度(C)は次の式で求められる。

$$C = \frac{AV_T}{fV_S}$$

A ＝ 分光計で読み取った吸光度
V_T ＝ 総体積
V_S ＝ サンプルの体積
f ＝ 酵素の係数

吸光度0.285, 総体積3.1, サンプルの体積0.1, 酵素係数6.22×10^3の場合の濃度を求めて科学表記($a \times 10^b$の形)で表せ。

35. 海洋学者(生物系)　難易度 ★★☆

海洋学では, 水域の説明と分類に汀線[※9]開発値という数値を使う。汀線開発値(D)とは, 水域がどれほど円形に近いかを測定するもので, 次の式で求められる。

$$D = \frac{L}{2\sqrt{\pi A}}$$

L ＝ 汀線の長さ
A ＝ 水域の面積

（完全な円形の場合は$D = 1$）

面積1,542,600平方メートルで汀線の長さが5600メートルの湖のDを求めよ。(四捨五入して100分の1の位まで求めよ。)

※9　汀線：陸地と海面の境界線。海岸線をいう。

36. 石油技術者

難易度 ★★★

この問題では, 天然の埋蔵地で採掘可能な天然ガスの総埋蔵量を算出する。技術者が集めたデータは下記の通りである。

岩石多孔率 $= R = 22\% = 0.22$
水分飽和率 $= S = 23\% = 0.23$
埋蔵面積 $= A = 160$ エーカー
埋蔵の厚さ $= H = 40$ フィート
初期圧力 $= I = 3250\,\text{psia}$ [※10]
温度 $= T = 673°F$
最終圧力 $= F = 500\,\text{psia}$
I におけるガス圧縮率 $= Z = 0.91$
F におけるガス圧縮率 $= Y = 0.951$

ガスの可採埋蔵量を算出する式は下記の通り。

$V_R = V_i - V_L$

V_R = 可採埋蔵量
V_i = 埋蔵地にある初期の埋蔵量
V_L = 500 psia の圧力で埋蔵地に残る埋蔵量

V_i と V_L を求める式は次の通り。

$$V_i = \underbrace{(43{,}560\,AH)}_{\text{岩石の量}} \times \underbrace{R(1-S)}_{\text{ガス含有の広がり}} \times \underbrace{\left(\frac{520°}{T} \times \frac{I}{14.65} \times \frac{1}{Z}\right)}_{\text{標準の圧力と温度に換算}}$$

V_L を求めるには上記の式の I を F に, Z を Y に置き換えて計算すること。

上記のデータと式を使って, 天然ガスの可採埋蔵量 V_R を求めよ。(答は科学表記 ($a \times 10^b$ の形) とし, 四捨五入して 1000 分の 1 の位まで求めよ。)

[※10] psia: 1平方インチ当たりに加わる圧力のポンド数。

37. カメラマン　　難易度 ★☆☆

接写で撮るには、焦点を合わせるためにレンズとフィルムの間の距離を伸長する必要がある。それにより絞りの有効値が変わると、レンズ鏡筒の数値は当てはまらなくなる。露出（絞り値）を増すためには、次の式を使う必要がある。

$$露出の補正率 = \frac{焦点距離 + 伸長距離}{焦点距離}$$

焦点距離80mm、伸長距離40mmの場合、絞り値に必要な補正率を求めよ。

38. 仕入担当　　難易度 ★★☆

次の式は仕入担当者が物品を注文する際の最適数量を決めるために開発されたものである。

$$EOQ = \sqrt{\frac{2rs}{pi}}$$

$EOQ =$ 注文数量（ユニット）
$r =$ この品物の年間需要数量
$s =$ 1回の注文の仕入コスト
$p =$ 仕入単価
$i =$ 平均棚卸額に対する年間在庫保管費用の％

安全帽の年間需要数は500個、取得原価は1注文につき1ドル、単価が0.89ドル、年間保管費用が棚卸価額の18％（0.18）として、最適な注文数量を求めよ。

> **注**：ある家庭のエネルギー必要量を満たす太陽熱暖房システムの能力を決める際に、専門家ならまずp.18の問題34を解き、そのあとで以下の設問39～42に取り掛かることになるだろう。全体的な処理の過程を理解するためには、この順に取り組むべきである。

39. 冷暖房工事　　難易度 ★☆☆

p.18の問題34で、家屋の壁の「熱伝導係数」を計算した。伝導係数は、下記の式のように、室温を一定レベルに保つために、暖房装置から1時間当たりに必要なBTU[※11]値 Q（熱損失量）を計算するのに使われる。

※11 BTU：ヤード・ポンド法のエネルギー・仕事・熱量の単位である。日本のカロリーに当たる。1BTUはおよそ252～253カロリー。

$$Q = UAD \qquad U = \text{壁の熱伝導係数}$$
$$A = \text{壁の表面積（平方フィート）}$$
$$D = \text{部屋の設定温度と最低外気温との差}$$

ある家の壁面積は1518.5平方フィート，熱伝導係数0.0679とする。設定温度が70度，最低外気温が30度として，壁からの熱損失量Qを求めよ。（四捨五入して100の位まで求めよ。）

40.冷暖房工事

壁の総面積に対する暖房装置の1時間当たりの総BTU値Qを求めたら（問題39を参照のこと），専門業者は，次の式を使って1カ月当たりのBTU値（M）を計算する。

$$M = \frac{24 \times Q \times DDM}{D} \qquad DDM = \text{暖房使用の1カ月当たりの度日}^{※12}$$
$$D = \text{室内の設定温度と，外気の最低気温との差}$$

$D=40$度，$DDM=545$，Qの総計が毎時28,600BTUである場合のMを求めよ。

41.冷暖房工事

次の式は，温水を沸かすために必要な1カ月当たりのBTUを計算するのに使われる。

$$H = N \times GPD \times 8.33 \times D \qquad N = \text{1カ月の日数}$$
$$GPD = \text{温水使用量（1日当たりのガロン数）}$$
$$8.33 = \text{水1ガロンの重量（ポンド）}$$
$$D = \text{温水と水道水との温度差}$$

1日の使用量が50ガロン，温水と水道水との温度差が80度の場合，1カ月（31日）のHを計算せよ。

※12 度日：気温差×日数。

42. 冷暖房工事　難易度 ★★☆

12カ月分のエネルギー総需要量を計算したあと，ソーラーシステムを査定する次の段階は，このソーラーシステムで生産される総エネルギー量を求めることである。ある月の総エネルギー量 S を求める式は次の通りである。

$S = IEPNA$

- I = 1平方フィート当たりの太陽エネルギー
- E = ソーラーパネルの効率
- P = 平均的な日の日照率%
- N = その月の日数
- A = ソーラーシステムのパネル面積(平方フィート)

a. 効率58%と評価されるソーラーシステムのパネル面積は180平方フィートである。日照率が68%，エネルギーレベルが1平方フィート当たり2118BTU，日数が31日の月の S を求めよ。(%は小数に変えること。)

b. ある家に必要な総熱量は年間 5.84×10^7 BTU，ソーラーシステムから供給される総エネルギー量は年間 4.42×10^7 BTU だったとする。ソーラーシステムから供給される熱量の総需要量に対する割合(%)を算出せよ。

43. 技術研究員　難易度 ★☆☆

高速の輸送システムを設計する際に，乗客の快適さを保つためのカーブの最小半径(フィート)は，$r = 0.334V^2$ という式で表される。V は車両の速度を表す。

速度が毎時50マイルのとき，カーブの最小半径を求めよ。

44. テレビ修理技術者　難易度 ★☆☆

オームの法則 $I = \dfrac{E}{R}$ は，テレビの修理によく用いられる。電圧(E)が，100ボルトの回路が，5オームの抵抗体(R)を通るときの電流 I (アンペアで表す)を求めよ。

45. テレビ修理技術者

$P=EI$ という公式は、電圧 (E) と電流 (I) のアンペア数から、電力 (P) のワット数を求めるのに使われる。20%の余裕を見込んだ場合、100ボルト、20アンペアの回路には、どのくらいのワット数にすべきか？

46. 人材派遣会社スタッフ

人材派遣会社の経営者は、純売上高 (N)、フランチャイズ手数料 (F)、派遣社員の賃金 (T)、支払給与税 (P) から総利益 (GP) を算出するために次の式を考案した。

$$GP = N - (F + T + P)$$

a. フランチャイズ手数料が純売上高の3% ($F=0.03N$) で、支払給与税が派遣社員の賃金の14% ($P=0.14T$) のとき、これらの数値(式)を元の式に代入して、N と T だけを使って GP を表そう。

b. 純売上高が2932.50ドル、派遣社員の賃金が1955ドルだった場合の総利益を求めよ。

47. 人材派遣会社スタッフ

人材派遣会社はフランチャイズ業務であるため、本部に手数料を支払わなければならない。手数料は、売上高または総利益に対する一定の割合をかけた額である。経営者自身がどちらかを選択できるため、当然どちらの方法で手数料を支払う方が安上がりかを知りたい。残念ながら利益率は変動するので、どちらか一方の手数料が、他方より常に安いとは限らない。ある経営者は代数の知識があり、以下に示すような式を考え出すことができた。この式によると、どちらの方法で支払っても手数料が等しくなる境界の請求額[※13] (x) を導き出すことができる。請求額がいくらであれ、x より高ければ売上高を基にする手数料の方が安く、x より低ければ総利益に基づく方が安い。

$$x = \frac{F_G(r+p)}{F_G - F_S}$$

F_G = 総利益に基づく手数料
r = 社員への支払金額
p = 支払給与税
F_S = 売上高に基づく手数料

※13 派遣先への請求額。

a. F_S が 0.03, F_G が 0.12, r が ＄7.50, p が 0.14 の場合の x を求めよ。

b. a の答をもとに, 請求額が ＄8.38 のとき, この経営者はどちらの手数料を選ぶべきか？

48. 廃水処理業　難易度 ★☆☆

ため池に添加する塩素の量を求める式は, 下記の通りである。

$$A = 8.34FC$$

A ＝ 塩素の量（ポンド）
F ＝ ため池の1日当たりの流量（MGD：百万ガロン）
C ＝ ため池の望ましい塩素濃度（ppm）

流量が 8 MGD, 望ましい塩素濃度が 30 ppm の場合, 加える塩素の量を計算せよ。

49. 廃水処理業　難易度 ★☆☆

滞留時間（水がタンク内に留まる時間）を求める式は, 下記の通りである。

$$T = \frac{V}{Q}$$

T ＝ 滞留時間（日）
V ＝ タンクの容量（ガロン）
Q ＝ 流速（1日当たりのガロン数）

流速が1日当たり150万ガロンで2200万ガロン入るタンクの滞留時間を求めよ。（四捨五入して10分の1の位まで求めよ。）

いったいいつ使うことになるの？
一次方程式

1. 経理　　　　　　　　　　　　　　　　　　難易度 ★★★

p.100の問題1で示したように，経理担当者は総利益の割合（総利益率）を知るために次の式を用いる。

$$総利益率(\%) = \left(\frac{売上高 - 経費}{売上高}\right) \times 100$$

この会社は売上高1,500,000ドルに対して25%の総利益率を望んだとする。最大限可能な経費はいくらか？

2. 自動車整備士　　　　　　　　　　　　　　難易度 ★★★

自営の自動車整備士は，他の多くの事業と同様に経理の責任を伴う場合がある。部品の税金を含めた価格から消費税を分ける必要がある場合もある。

消費税6%として，請求書の合計金額14.71ドルに対してこのパーツの価格(P)を出す方程式を示せ。次にその方程式を解いて，引き算をして税金を求めよ。

3. 土木技師　　　　　　　　　　　　　　　　難易度 ★★★

コンクリート材は体積比でセメント1，水2，骨材（砂利・砕石など）2，砂3からなる。1立方ヤードのコンクリートを作るのに，それぞれの成分は何立方フィート必要か？

● **ヒント**：1立方ヤード＝27立方フィートを用いて，方程式を立ててから解くこと。

4. 土木技師 難易度 ★★☆

山にトンネルを掘っている。一方の端は海抜645フィートから始まる。このトンネルは常に6%の勾配で建設される。

a. トンネル出口の標高 y を，入口からの水平距離 x の形で表せ。
b. トンネルの入口から3800フィートの地点の標高を求めよ。

5. 土木技師 難易度 ★★☆

道路建設費用を次のように見積もっている。すなわち車道には基礎材の2倍，歩道には車道の4分の1の費用がかかる。280,000ドルの道路計画について，それぞれの費用を算出せよ。

6. 土木技師 難易度 ★★★

測量に使うスチール製の巻尺は，華氏68度で100.00フィートの長さがある。この巻尺は，気温が1度上昇するごとに1フィート当たり0.00000645フィートの割合で膨張し，同じ割合で収縮する。測量した距離が下記の場合の，2点間の実際の距離を求めよ。(四捨五入して100分の1の位まで求めよ。)

a. 華氏105度で503.25フィート。
b. 華氏48度で1134.75フィート。

7. 電気技術者 難易度 ★★☆

p.105の問題11で，室内の照明のフィート燭[※1]を求めるために次の式が与えられた。

$$F.C. = \frac{LDU}{A}　　\begin{matrix} L & = & ルーメン^{※2} \\ A & = & 部屋の面積(平方フィート) \\ D & = & 減光係数 \\ U & = & 利用係数 \end{matrix}$$

※1　フィート燭：照度の単位。
※2　ルーメン：光束の単位。

この式を用いて，9フィート×14フィートの広さの部屋を80フィート燭の明かりで照らすのに必要なルーメン数を求めよ。$D=0.8$, $U=0.6$とする。

8. 電気技術者 難易度 ★★☆

発電機やバッテリーから電力(電流)を消費すると，電圧は下がり始める。$V=E-IR$という式を用いて，始めの電圧(E)，電流(I)，抵抗(R)から，下がった電圧(V)を求めることができる。故障の原因を探す目的で，技術者は電圧を測ってから電流を求めたいと思う場合もある。

バッテリーの始めの電圧(E)が28Vだったとする。電流が消費されて電圧は25Vに下がった。抵抗が0.05オームの場合，流れた電流を(アンペアで)求めよ。

9. 電気技術者 難易度 ★★★

光学装置が入っている歯車が望遠鏡の背部に取り付けられている。どの光学装置を使うかにより，モーターが動いて歯車をそれぞれ異なる位置に動かして止める。モーターは，歯車の静止状態からスタートして0.05秒で30度の角度(0.52ラジアン)まで加速しなければならない。歯車の慣性は0.04 in. oz 秒^2／ラジアンである。加速度は一定であると仮定して，このモーターは何トルク[※3] 出さないといけないか？ 以下の式を使うこと。

$$x = 0.5at^2 \qquad T = aI$$

x = 角度の位置(ラジアン)
a = 加速度
t = 時間
T = トルク
I = 慣性

● **ヒント**：まず，最初の式をaについて解く。次に，与えられたデータを使ってaを計算する。最後に2つ目の式にaとIの数値を代入する。)

[※3] トルク：軸などの棒状の物体をねじる方向の力。原動機の回転力，駆動力。

10. 電気工 　　難易度 ★☆☆

オームの法則は $I = \dfrac{E}{R}$ であるが，この法則は電気工なら誰でも学ぶ古典的な法則である。ここで，I は電流（アンペア），E は電圧（ボルト），R は抵抗（オーム）である。E や R を求めなければならないケースが多々あるため，電気工はこの方程式を他の2つの形に変換できないといけない。

a. オームの法則を，E と R について解く。
b. 440オームの抵抗の中を，0.5アンペアの電流を流すのに必要な電圧を求めよ。
c. 6ボルトのバッテリーから90アンペアの電流を流すモーターの抵抗は？（四捨五入して100分の1の位まで求めよ。）

11. 農業指導員 　　難易度 ★☆☆

p.108の問題18では，川から水を引く際の平均透水深度 D（インチ）を求める下記の式の説明があった。

$$D = \dfrac{RTP}{450A}$$

R ＝ 取水率（gpm）[※4]
T ＝ 取水時間（時間）
P ＝ 土壌の透水性（水1インチ当たりの透水のインチ数）
A ＝ 畑の面積（エーカー）

D，R，P，A がわかっている場合には，この式を使って T を計算することができる。

ある農家が，1インチの取水で9インチ透水できる土壌に30インチの深さまで透水を実現したいと考えている。2分の1エーカーの畑に毎分450ガロンの割合で取水すると，何時間取水すればよいか？

12. 水資源管理者 　　難易度 ★★★

Cという川は毎秒12立方フィートで流れており，別のA，Bという2つの川が合流する。A川は毎秒4立方フィートで，B川は毎秒8立方フィートで流れ込む。溶存酸素はA川が4％，B川が6％である。

[※4] gpm：1分当たりのガロン数。

a. 溶存酸素はC川にどれだけ流れ込むか？

b. C川に住む魚が生息するためには5.5％の溶存酸素を必要とする。現在溶けている酸素を増やすためにいくつかの方策を講ずることができる。たとえば,溶存酸素率の高い水を加えることで酸素を供給できる。別の方法としては,酸素を奪う汚染物質を減らすことである。
A川に立地する製造工場がこの川に汚染物質を流していたとする。C川の溶存酸素を5.5％という望ましいレベルに高めるためには、A川の溶存酸素レベルをどのくらいにすればよいか？

13. 税理士（所得税）

ケオ年金制度※5のもとでは,自営業者は勤労所得の25％までを,非課税で自己の年金の掛け金に拠出できる。勤労所得とは,純利益から実際の掛け金を差し引いた金額と定義される。

a. 最大限の控除額は,実際には純利益の何％になるか？

b. ある会計士の純利益が33,000ドルの場合,この年金制度にどれだけの掛け金を拠出できるか？

14. 臨床検査技師

検査業務には標準的な式が多く使われる。たとえば次のような例がある。

$$Hct = \frac{RC \times MCV}{10}$$

$Hct =$ 血中の固形物に対する液体の割合
$RC =$ 赤血球数
$MCV =$ 平均細胞容積

試料で示された貧血のタイプを確定するために,臨床検査技師は平均細胞容積を求める必要がある。上の式からMCVを求めよ。

※5　ケオ年金制度：自営業者の退職年金制度。

15. 航海士 ★☆☆

航海術では，距離・速度・時間の公式，$D = RT$ が最もよく使われる。

a. 上の式を，RとTについて解け。速度や時間について解くことが必要になる場合があるので，この式の2つの変形を知ることは重要である。

b. 48マイルの距離を3時間12分で航行する場合，船が維持した平均速度（ノット[※6]）は？

c. 巡航速度9ノットと仮定して，31マイルの距離を航行するのにどれだけの時間がかかるか？（四捨五入して分単位で求めよ。）

16. 石油技術者 ★★★

ガスを貯蔵するための，直径60フィートの球形タンクを設計する必要がある。これは30,000 psi（1平方インチ当たりのポンド数）に耐える鋼材で建造される。ガスの作動圧力は75 psiである。次の2つの式が使われる。

$P = p\pi r^2$　　P ＝ ガスによる力（ポンド）
　　　　　　p ＝ ガスの圧力（psi）
　　　　　　r ＝ 球体の半径（インチ）

$F = 2\pi rst$　　F ＝ 鋼材の反力（ポンド）
　　　　　　s ＝ 鋼材の強度（psi）
　　　　　　t ＝ 鋼材の厚さ（インチ）
　　　　　　r ＝ 球体の半径（インチ）

ガスによる力が鋼材の反力に等しいとして，鋼材の厚さが最も薄いときの値を求めよ。

17. 薬剤師 ★★☆

95％の酸性溶液25 ccを薄めて50％の溶液にするには何ccの水を加えるべきか？

[※6] ノット：船・航空機の速さを表す単位。1ノットはおよそ1.852 km/時。

18. 薬剤師 難易度 ★☆☆

たとえばグリセリンなどは容積量で注文が来ることが多いが,重さで計量する場合もある。グリセリンの1ccは1.25gであるなら,次の式を用いて,グリセリン45ccの重さをグラムで求めよ。

$$容積 = \frac{重量}{密度}$$

19. 選挙運動責任者 難易度 ★★☆

小さな町で選挙運動を指揮する人は,選挙運動用の印刷物を郵送するのに大量郵便物割引許可を取るかどうかを決める必要がある。許可には50ドルかかるが,大量郵送物割引料金は1通につき16.7セントである。第一種の送料が1通につき25セントであるなら,大量郵送物割引を使う方が第一種よりも経済的となるには何通郵送する必要があるだろうか?

● 1ドル＝100セント

20. 出版業（製作担当） 難易度 ★★★

本の販売価格を決める上で,よく方程式が使われる。以下にその方程式の作り方の実例を示し,そのあとで方程式を解いてみよう。

本の製作コストは5.65ドルである。

著者への平均印税率は販売価格の11.5%である。販売価格を x とすれば,印税は $0.115x$ になる。

出版社の利益は,(製作コスト＋印税)の6%である。とすると利益は $0.06 \times (5.65 + 0.115x)$ となる。

さらに,販売価格－印税－利益＝製作コストとなるので,次の式が得られる。

$$x - 0.115x - 0.06 \times (5.65 + 0.115x) = 5.65$$

ここで x を求めれば,セント単位で四捨五入すると販売価格は6.82ドルとなる。

では,次の問題をやってみよう。

本の製作コストは7.88ドル, 著者への平均印税率は販売価格の12.2％である。出版社の利益は, (製作コスト＋印税)の5.5％である。販売価格を求めよ。

21. 人材派遣会社スタッフ　　難易度 ★★★

フランチャイズ制の人材派遣会社の経営者は, 本部に手数料を支払わなければならない。総利益または派遣先へ請求可能な売上高の一定割合のうち, どちらか少ない方の金額を支払うことができる。経営者は, この2つの手数料が同額になるポイントを見つける式を作りたいと思っている。そうすればケースごとに計算しないでも, どちらの方が安いかすぐにわかるからである。

派遣先への請求高に基づく手数料率をBとし, 売上高をxとすると, 手数料はその積であるBxとなる。

さて, rを社員への支払額, tを支払給与税としよう。総利益は次の通りである。

$$x-(r+t)$$

Gを総利益に基づく手数料率とすれば, 手数料(ドル)は次のようになるだろう。

$$G\{x-(r+t)\}$$

この2つの手数料が等しいときに, 次の式が得られる。

$$Bx = G\{x-(r+t)\}$$

上記の方程式をxについて解き, 2つの手数料が等しくなるときの料金xを求めよ。

22. 旅行代理店　　難易度 ★★★

旅行代理店は, 課税前の基本料金を基にして手数料を受け取る。しかし, ときには税金が含まれた総額しかわからない場合もある。その場合には, 簡単な一次方程式を作ることで, 基本料金を求めて手数料を計算することができる。

客の旅行代金の総額は495.72ドルである。これに8％の税金が含まれているなら, 課税前の基本料金はいくらだったか？　代理店が基本料金の7％の手数料を受け取るのであれば, 手数料はいくらか？

23. 廃水処理業

p.120の問題48で説明したように，ため池に加えるべき塩素量(A)は次の式で得られる。

$$A = 8.34FC \qquad \begin{aligned} F &= \text{ため池の1日当たりの流量（MGD：百万ガロン）} \\ C &= \text{ため池の望ましい塩素濃度（ppm）} \end{aligned}$$

この式を使って，流量が6.5MGDの場合に1500ポンドの塩素を加えた後の，ため池の塩素濃度を求めよ。

24. 廃水処理業

貯留時間（ため池に廃液が滞留する時間）を求める式は，次の通りである。

$$T = \frac{V}{Q} \qquad \begin{aligned} V &= \text{ため池の容量（ガロン）} \\ Q &= \text{流量（MGD：百万ガロン）} \end{aligned}$$

流量が0.8MGD，貯留時間が26日の場合，池の容量を求めよ。

解答

Part 1 一般的な算数・計算

分数 (pp.2-8)

1. 404ドル

2. $1\frac{1}{8}$ インチ

3. $33\frac{1}{2} - (9\frac{5}{8} + \frac{1}{16}) = 23\frac{13}{16}$ → $23\frac{13}{16}$ インチ

4. $0.391 \fallingdotseq \frac{25}{64}$,
   $0.391 - \frac{1}{64} = \frac{25}{64} - \frac{1}{64} = \frac{3}{8}$ → $\frac{3}{8}$ インチ

5. $18 \div 7\frac{1}{2} = \frac{12}{5}$ → $2\frac{2}{5}$ 時間、または2時間24分

6. 州の助成金

   $105 \times 35,185 = 3,694,425$ → 3,694,425ドル

   地元資金の増額分

   $2,150,000 \times \frac{7}{12} = 1,254,167$ → 1,254,167ドル

   セージブラッシ学区に対する予算総額

   $35,000,000 + 3,694,425 + 2,150,000 + 1,254,167$
   $= 42,098,592$ → 42,098,592ドル

7. $1.234 = \frac{x}{64}$ を解いて、$x = 1.234 \times 64 \fallingdotseq 78.9 \fallingdotseq 79$

   $\frac{79}{64} = 1\frac{15}{64}$ → $1\frac{15}{64}$ インチ

8. 26フィート8インチ $= 26 \times 12 + 8 = 320$ インチ

   $320 \div 3\frac{1}{2} = \frac{640}{7} \fallingdotseq 91.42 \fallingdotseq 92$ → 92本

9. $\frac{(16,000 - 1500)}{5} = 2900$ → 2900ドル

10. 食事：$2000 \times \dfrac{2}{7} \fallingdotseq 571$ → 571カロリー

　　軽食：$2000 \times \dfrac{1}{7} \fallingdotseq 286$ → 286カロリー

11. $\{30 - (1\dfrac{1}{2} + 4 + \dfrac{3}{4} \times 3)\} \div 4 = \{30 - (\dfrac{6}{4} + \dfrac{16}{4} + \dfrac{9}{4})\} \div 4$

$= (\dfrac{120}{4} - \dfrac{31}{4}) \div 4 = \dfrac{89}{4} \times \dfrac{1}{4} = \dfrac{89}{16} = 5\dfrac{9}{16}$ → $5\dfrac{9}{16}$ インチ

12. 単位をインチにそろえると，$\{(10 \times 12) - (1\dfrac{1}{2} \times 6)\} \div 5 = (120 - 9) \div 5$

$= 111 \div 5 = 22\dfrac{1}{5}$

$22\dfrac{1}{5} = 22\dfrac{3.2}{16}$ → $22\dfrac{3}{16}$ インチ

13. 10,160ドル

14. a. $\dfrac{8}{3 \times 12} = \dfrac{2}{9}$ → $\dfrac{2}{9}$，b. $150 \times \dfrac{2}{9} = 33.33\cdots$ → 33.33ドル

15. $45 \times \dfrac{36 - 5}{36} \fallingdotseq 38.75$ → 38.75ドル

16. $3 \div \dfrac{3}{4} = 4$ → 4枚

17. $(\dfrac{1}{2})^{10} = \dfrac{1}{1024}$

18. $1000 \div (8 \times 60) \times 15 = 1000 \div 480 \times 15 = 31.25\cdots$ → 31滴／分

19. $2\dfrac{1}{2}$ 錠

20. $20 \div 8\dfrac{1}{3} = 20 \div \dfrac{25}{3} = 20 \times \dfrac{3}{25} = \dfrac{12}{5} = 2\dfrac{2}{5}$ → $2\dfrac{2}{5}$ 錠

21. $\dfrac{1}{2}$ cc

22.

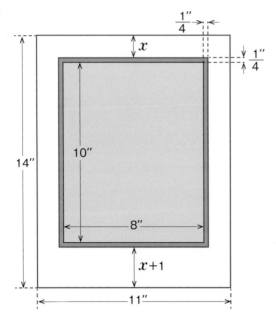

左右：$\{11-(8+\frac{1}{4}+\frac{1}{4})\}\times\frac{1}{2}=2\frac{1}{2}\times\frac{1}{2}=1\frac{1}{4}$

上　：$\{14-1-(10+\frac{1}{4}+\frac{1}{4})\}\times\frac{1}{2}=(13-10\frac{1}{2})\times\frac{1}{2}=2\frac{1}{2}\times\frac{1}{2}=1\frac{1}{4}$

下　：$1\frac{1}{4}+1=2\frac{1}{4}$

→　左右は$1\frac{1}{4}$インチ, 上は$1\frac{1}{4}$インチ, 下は$2\frac{1}{4}$インチ

23. $\frac{1}{4}$インチ(1フィート当たり)

24. $148{,}500\times\frac{2}{3}=99{,}000$　→　99,000通

25. $1\frac{1}{2}-(\frac{1}{4}+\frac{2}{5}+\frac{1}{2})=\frac{7}{20}$　→　$\frac{7}{20}$ロール余る

26. $6-(\frac{1}{6}\times 26)=\frac{5}{3}$　→　$1\frac{2}{3}$インチ

27. $880\times(1-\frac{1}{4}\times\frac{1}{2})=770$　→　770エーカー

28. $(600-75-100\times 2-30)\times\frac{2}{3}\fallingdotseq 196.67$

$633-196.67=436.33$　→　436.33ドル

29. $(49\frac{1}{8}-37\frac{1}{2})\times 300=\frac{93\times 300}{8}=3487.50$

→　3487.50ドル

30. $1548 \times \dfrac{4}{12} = 516$ → 516ドル

31. $(864 \times 2) + (864 \times \dfrac{2}{3} \times 4) = 4032$ → 4032ドル

小数 (pp.9-19)

1. 6.51フィート

2. $(2181 \times 80) + (340 \times 85) + (125 \times 117) + \{30 \times (-24)\} + (444 \times 75)$
   $= 250{,}585$

   $2181 + 340 + 125 + 30 + 444 = 3120$

   $250{,}585 \div 3120 \fallingdotseq 80.32$ → 82.1以下だから安全である。

3. $640 \times 0.95 \times 30 = 18240$ → 18,240 BTU

4. (家屋＋テラス＋車道＋フェンス)の評価額
   $= (50 \times 1950) + (2.5 \times 350) + (0.95 \times 720) + (6.75 \times 400)$
   $= 101{,}759$ → 101,759ドル

5. 153.6ポンド

6. $0.0115 - (0.017 - 0.009) = 0.0035$ → 0.0035インチ

7. $(34\dfrac{3}{4} - 4) \div 11 = 2.79\cdots \fallingdotseq 2.80$ → 2.80インチ

8. $(0.24 \times 418) + (0.30 \times 268) + (0.40 \times 177.4) + (0.75 \times 209.8)$
   $= 409.03$ → 409.03ドル

9. $(5.5 + 1.54 + 1.5) \times 400 \div 40 = 8.54 \times 400 \div 40 = 85.4$
   → 1フィート当たり85.4ポンド

10. a. $6.2826 \times 5.5 \fallingdotseq 34.55$ → 34.55ドル

    b. $6.2826 \times (119 - 5.5) \fallingdotseq 713.08$ → 713.08ドル

11. $0.0339 \times 20 \times 3.5 = 2.373$ → 2.373ボルト

12. $105 \div 5.8 \fallingdotseq 18.103\cdots = 18.1$ → 18.1ポンド

13. 分単位でそろえると、$480 - (45 + 90 + 140) = 205$ (分) $\fallingdotseq 3.4$ (時間)
    → 3.4時間

解答

14. 小売価格 = {(24.95×60) + (2.50×60) + (0.75×96)}
    = (1497 + 150 + 72) = 1719

    売上税 = {(18.50×60) + (1.60×60) + (0.35×96)}×0.06
    = (1110 + 96 + 33.6)×0.06 = 1239.6×0.06 = 74.376

    総費用 = 1719 + 74.376 = 1793.376 → 1793.38ドル

15. 8125 個

16. 500.5 個

17. 18.4 ミクロン

18. 2 個

19. 1年間を52週とする。

    a. $\frac{4450.68}{52} = 85.59$ → 85.59ドル

    b. 475.50 − 85.59 = 389.91 → 389.91ドル

20. 0.45×2.5 = 1.125 ≒ 1.13 → 1.13インチ

21. 1.83×120×24 = 5270.4 → 5270.4ガロン

22. 336 平方フィート

23. 80,144.75ドル

24. (16.7×120,000) + (25×7000) = 2,179,000（セント） → 21,790ドル

25. 箱ごと購入する場合：27.20×3 = 81.6（ドル）

    バラ（1枚単位）で購入する場合：38.40×2500÷1000 = 96（ドル）

    したがって、箱ごと購入した方が安い。

26. 268.75ドル

27. 単式焼付け（シングルバーン）の場合：

    $(12.38 \times 8) + (60 \times \frac{10}{60} \times 2.8) = 99.04 + 28 = 127.04$
    → 127.04ドル

    二重焼付け（ダブルバーン）の場合：

    $(12.38 \times 4) + (60 \times \frac{10}{60} \times 5.5) = 49.52 + 55 = 104.52$
    → 104.52ドル

28. a. $30 \times 2.6 = 78$ (字)

b. $78 \times 48 = 3744$ (字)

c. $863,900 \div 3744 = 230.74 \cdots$ (頁)

d. $231 \div 16 = 14.43 \cdots$（16分割の紙が15枚）

$16 \times 15 = 240 \quad \rightarrow \quad 240$ページ

29. 2.06ドル

30. 4.50ドル

31. a. $(25 \times 25) + (12.50 \times 19) = 862.5 \quad \rightarrow \quad 862.50$ドル

b. $862.5 \div 1800 = 0.479 \cdots \fallingdotseq 0.48 \quad \rightarrow \quad 0.48$ドル

c. $1.75 + 0.48 = 2.23 \quad \rightarrow \quad 2.23$ドル

32. 144カ月，または12年

33. 756ドル

34. $0.17 + 0.68 + 0.06 + 11.0 + 0.94 + 0.97 + 0.90 = 14.72$

$1 \div 14.72 = 0.0679347 \cdots \fallingdotseq 0.0679 \quad \rightarrow \quad 0.0679$

35. $1.5 \times 230 \times 6.5 = 2242.5 \quad \rightarrow \quad 2242.50$ドル

36. $48\frac{7}{8} \times 250 \div 71\frac{3}{4} = 170.29 \cdots \fallingdotseq 170 \quad \rightarrow \quad 170$株

37.

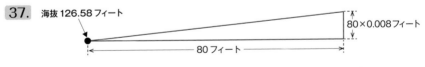

$126.58 + (80 \times 0.008) = 127.22 \quad \rightarrow \quad 127.22$フィート

38. 8時間半－45分＝7時間45分

$7.5 \times 7\frac{3}{4} = \frac{465}{8} = 58.125 \fallingdotseq 58.13 \quad \rightarrow \quad 58.13$ドル

39. $(19467.2 - 19438.6) \times 0.22 = 6.292 \fallingdotseq 6.29 \quad \rightarrow \quad 6.29$ドル

40. 7.6 mg/ℓ

平均 (pp.20-25)

1. 200ドル

2. 200ドル

3. (150 + 175 + 190)÷3 = 171.6… ≒ 172 → 時速172マイル

4. (483,000 + 82,000)÷2 = 282,500 → 282,500ドル

5. (179,000×0.2 + 187,500×0.5 + 182,000×0.2 + 171,000×0.1)÷1.0
   = (35,800 + 93,750 + 36,400 + 17,100)÷1.0 = 183,050
   → 評価額は183,050ドル

6. $\dfrac{a+b+c+d}{4}$

7. 総費用：400×28 + 330×152 + 295×317 + 250×35 + 1100×18
   = 183,427

   ベッド数：28 + 152 + 317 + 35 + 18 = 550

   ベッド1台当たりの費用：183,427÷550 = 333.50363… ≒ 333.5
   → 333.5ドル

8. (325 + 260 + 185)÷3 = 256.66… ≒ 257 → 257フィート

9. $153 \times \dfrac{1000}{23,500}$ = 6.510… ≒ 6.5 → 6.5件

10. a. 732÷223 = 3.28 ≒ 3.3 → 3.3人／台

    b. 3.3×385 = 1270.5人 ≒ 1270 → 1270人

11. 平均の速さ＝総距離÷かかった時間の総計

    (200×4)÷(21 + 23 + 20 + 23) = 800÷87 = 9.195… ≒ 9.2

    → 毎秒9.2フィート

12. (1.064 + 1.027 + 1.115 + 1.073)÷4 ≒ 1.069

    求める増加率は，1.069 − 1 = 0.069 ≒ 0.07 → 7%

13. (65.2×30 + 71.8)÷31 = 65.412… ≒ 65.4 → 65.4度

14. 1か月平均 12.2 台

年間売上台数 12.2×12 = 146.4 ≒ 146 　→　 146 台

15.

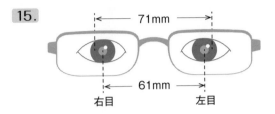

$\dfrac{71-61}{2} = 5$ 　→　 5 ミリ

16. 3523÷15 = 234.866… ≒ 235 　→　 235 ミリグラム

17. ラーソン　　：276÷64 = 4.31

ジョーンズ　：538÷79 = 6.81

マーティネス：312÷54 = 5.77

a. ジョーンズ＞マーティネス＞ラーソン

b. (276 + 538 + 312)÷(64 + 79 + 54) = 5.715… ≒ 5.7 　→　 5.7 件

18. a.　(6240 + 3870 + 2592 + 7375 + 4600 + 6150)÷6

＝5137.8…≒5140 　→　 5140 ポンド

b. 200 + 5140 = 5340

最大量は 7375 ポンドであるので、足りない。

19. (635 + 680 + 650 + 675 + 615 + 650 + 640 + 650)÷8 = 649.375

この数に最も近い 5 の倍数を求めると、650 　→　 650 ドル

20. 6.65 ドル

21. {(125×10) + (140×6) + (175×4)}÷(10 + 6 + 4)

= (1250 + 840 + 700)÷20 = 2790÷20 = 139.5

　→　 1 泊平均 139.5 ドル

解答

22. $(0.13 + 0.18 + 0.21 + 0.14 + 0.12 + 0.11 + 0.15) \div 7 = 0.148\cdots$

$0.148\cdots < 0.15$　なので，限度内である。

比率と割合 (pp.26-36)

1. $24.00 \times \dfrac{31.60}{60.60} = 12.514 \cdots$ → 水道 12.51ドル

$24.00 \times \dfrac{12.40}{60.60} = 4.910 \cdots$ → 下水道 4.91ドル

$24.00 \times \dfrac{16.60}{60.60} = 6.574 \cdots$ → ゴミ処理 6.57ドル

2. $45000 \times \dfrac{2400}{180000} = 600$ → 600ドル

3. $20 \times \dfrac{400}{260} = 30.769 \cdots \fallingdotseq 30.8$ → 30.8ガロン

4. $175 - (35 \div 1.15) = 175 - 30.4347 \cdots = 144.57 \cdots \fallingdotseq 145$
→ 時速145マイル

5. 在庫回転率＝売上高÷平均在庫高＝495,000÷132,000＝3.75　→　3.75

平均在庫期間＝365÷3.75＝97.333 … ≒97　→　97日

6. $38,000 \div 40 = 950$　→　950ドル

7. a. 実距離：写真上の距離＝$(300 \times 12) : \dfrac{1}{8} = 3600 : 0.125$
$= 28,800 : 1$　→　28,800：1

b. $\dfrac{0.5}{高度} = \dfrac{1}{28,800}$

高度＝$28,800 \times 0.5 = 14.400$　→　14,400フィート

8. $128 \times 2\dfrac{1}{2} = 128 \times \dfrac{5}{2} = 320$（オンス）

$320 \times \dfrac{1}{51} = 6.27 \cdots$　≒6.3　→　化学薬品は6.3オンス

$320 \times \dfrac{50}{51} = 313.72 \cdots$　≒313.7　→　水は313.7オンス

訳注：分野により簡便法として

$320 \times \dfrac{1}{50} = 6.4$　→　化学薬品は6.4オンス

$320 - 6.4 = 313.6$　→　水は313.6オンス

とする計算方法もある。

9. 今, 薬品 a g と水 b g からなる液体が1 g あったとする。つまり,

a ＋ b ＝ 1　・・・①

この液体1 g をディスペンサーに入れると, 128 g の水が注入される。このとき,

薬品：水 ＝ a：(b ＋ 128)

となる。これが1：448になるのであるから

a：(b ＋ 128) ＝ 1：448　・・・②

①, ②を解いて,

448a ＝ (1 － a) ＋ 128

449a ＝ 129

$a = \dfrac{129}{449}$

$b = 1 - a = \dfrac{320}{449}$

よって, a：b ＝ 129：320　→　薬品：水 ＝ 129：320

訳注：分野により簡便法として
　　　448÷128＝3.5　よって3.5倍に希釈しておけば良い。
　　　3.5－1＝2.5 より, 薬品：水＝1：2.5
　　　とする計算方法もある。

10. コンクリートの成分：94 ＋ 50 ＋ 191 ＋ 299 ＝ 634 (ポンド)

つまり, セメント1袋で634ポンドのコンクリートができる。

壁に必要なコンクリート (ポンド)

151.2×1760 ＝ 266,112　→　266,112ポンド

必要なセメント (袋)

$\dfrac{266,112}{634}$ ＝ 419.73… ≒ 420　→　420袋

解答

11.

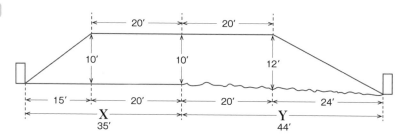

$X = (1.5 \times 10) + 20 = 35$ → Xは35フィート

$Y = (2 \times 12) + 20 = 44$ → Yは44フィート

12. 1000ポンドを1：3：4に分配すると，
セメント125ポンド，砂375ポンド，砂利500ポンド

13. 25フィート×36.25フィート×6.25フィート

14. $943.80 \times \dfrac{12}{8} = 1415.7$ → 1415.70ドル

15. $650 \times 6.85 \sim 800 \times 6.85$ より → 4450〜5480 台／日

16. 炭化水素：窒素酸化物＝5.5：4.7より，$5.5 \div 4.7 = 1.17\cdots \fallingdotseq 1.17$
→ 1.17：1

17. $50 \times \dfrac{330}{750} = 21.99\cdots \fallingdotseq 22$ → 22秒

18. 19オンスをガロンに換算すると，$19 \div 128$
100平方フィートをエーカーに換算すると，$100 \div 43,500$
$\dfrac{19 \div 128 \,(\text{ガロン})}{100 \div 43,500 \,(\text{エーカー})} = 64.57\cdots \fallingdotseq 64.6$
→ 1エーカー当たり64.6ガロン

19. a. ノズル間隔を20インチから15インチに短くすると散水量は増える。
$44 \times \dfrac{20}{15} = 44 \times \dfrac{4}{3} = \dfrac{176}{3} = 58\dfrac{2}{3}$
1エーカー当たり $58\dfrac{2}{3}$ ガロン または 58.67ガロン

Part 1 一般的な算数・計算：比率と割合

  b. aより新しい比率は $\frac{4}{3}$ である。

   ノズルの間隔を変えずに, 速度で散水量を $\frac{4}{3}$ 倍にするには, 速度を落とさなければいけない。

$$3 \times \frac{3}{4} = 2.25$$

または,

  b. ノズル間隔20インチ, 散水量 $58\frac{2}{3}$ ガロンなら, 速度は散水量に反比例するから,

$$3 \times (44 \div 58\frac{2}{3}) = 3 \times 44 \div 58.6666 = 2.2500\cdots$$

  → 時速2.25マイル

20. 第1案は $1,720,500 \div 442,900 = 3.88\cdots$,
  第2案は $950,000 \div 275,800 = 3.44\cdots$
  → 第1案の方が良い。

21. $3250 \times \frac{300}{2500} = 390$ → 390 台

22. $\frac{2482}{6} \times \frac{1}{3.3} = 125.35\cdots \fallingdotseq 125$ → 125 台

23. 1 冷凍トン ≒ 2000 ポンドであるから
  $144 \times 2000 \div 24 = 12,000$ → 1 時間当たり 12,000 BTU

24. A, B, C, D にかかる重みを, 各々A, B, C, Dで表す。長さ (たて) に関する条件は同じなので,

  A + D = 5000 ポンド B + C = 5000 ポンド

  幅 (横) に関しては, A : D = B : C = 3 : 7 の割合で, 重みがかかる。
  よって, A = 1500, B = 1500, C = 3500, D = 3500 (ポンド) である。

25. $(4 \times 1760 \times 3) \div 2500 = 8.448 \fallingdotseq 8.4$ → 8.4 : 1

26. $\frac{100}{0.0234} = \frac{x}{0.0206}$ より, $x = 88.03\cdots \fallingdotseq 88$ → 88 mg/dl

27. $2 \times 128 \div 20 = 12.8$ → 12.8 オンス

28. a. 3 : 1 b. 9 c. 75

解答

29. $20 \times 60 \div 250 = 4.8$ → 4.8錠

30. $15 \times (\dfrac{1}{250} \div \dfrac{1}{200}) = 15 \times \dfrac{200}{250} = 12$ → 12ミニム

31. クリームA：$480 \times \dfrac{12}{12 + 18.6 + 30} \fallingdotseq 95.0$

ワセリン：$480 \times \dfrac{18.6}{12 + 18.6 + 30} \fallingdotseq 147.3$

ユニベイス：$480 \times \dfrac{30}{12 + 18.6 + 30} \fallingdotseq 237.6$

→ クリームA：95.0g，ワセリン：147.3g，ユニベイス：237.6g

32. $208\dfrac{1}{3}$ mg

33. $2 \times 32 \times \dfrac{1}{8} = 8$ → 8オンス

34. $\dfrac{1}{8} : 1 = 5\dfrac{1}{2} : x$ より，$x = 5\dfrac{1}{2} \div \dfrac{1}{8} = 44$ → 44フィート

35. $500 \times \dfrac{28,200}{46,500} = 303.22\cdots \fallingdotseq 303$ → 303人

36. $11 \times \dfrac{3200}{500} = 70.4$ → 70.4ポンド

37. $7 \times \dfrac{4.5}{6} = 5.25$ → $5\dfrac{1}{4}$インチ

38. [解答1]

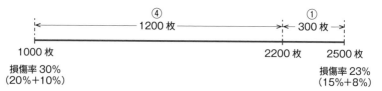

$(2500 - 2200) : (2200 - 1000) = 1 : 4$ であるから，

$\dfrac{(30\% \times 1) + (23\% \times 4)}{1 + 4} = 24.4\%$

[解答2]

損傷率を x とする

$\dfrac{x - (15 + 8)}{(20 + 10) - (15 + 8)} = \dfrac{2500 - 2200}{2500 - 1000} = \dfrac{1}{5}$

$\dfrac{x - 23}{30 - 23} = \dfrac{300}{1500} = \dfrac{1}{5} = 0.2$

$x = 0.2 \times 7 + 23 = 24.4$ → 損傷率は24.4%

39. 388ドル

40. a. A：$475 \times \dfrac{8}{8+18+13+21+7} = 475 \times \dfrac{8}{67} \fallingdotseq 56.72 \rightarrow 56.72$ ドル，
    B：127.61ドル，　C：92.16ドル，　D：148.88ドル，
    E：49.63ドル

    b. A：36,657ドル，　B：82,477ドル，　C：59,567ドル，
    D：96,224ドル，　E：32,075ドル

41. J.D.：M.S.：S.Q.：S.M. = $(50 \times 12):(75 \times 6):(25 \times 6):(100 \times 4)$
    $= 12:9:3:8$
    J.D. $\dfrac{12}{32} = \dfrac{3}{8}$
    M.S. $\dfrac{9}{32}$
    S.Q. $\dfrac{3}{32}$
    S.M. $\dfrac{8}{32} = \dfrac{1}{4}$

42. $100{,}000 \div 1.25 = 80{,}000 \rightarrow 80{,}000$ ドル

43. a. $87\dfrac{1}{8} \div 6.36 = 13.69\cdots \fallingdotseq 14 \rightarrow 14:1$
    b. $3.46 \times 9 = 31.14 \fallingdotseq 31 \rightarrow 31$ ドル

44. $1{,}200{,}000 \times \dfrac{225}{975} = 276{,}923\cdots \fallingdotseq 277{,}000 \rightarrow 277{,}000$ ドル

45. $10 \times 45 \div 3 = 150 \rightarrow 150$ ミリグラム

百分率（%）(pp.37-54)

1. 残りの期間：33.3%，残りの予算：27.4%

2. a. $17{,}500 \times 0.06 = 1050$，$1050 < 1350$ より，1350ドル
    $\rightarrow$ 1350ドル

    b. $28{,}650 \times 0.06 = 1719$，$1719 > 1350$ より，1719ドル
    $\rightarrow$ 1719ドル

解答

3. 社員の手数料を x ドルとする。

$$\frac{x}{1305.75 + x} = 0.15$$

$x = (1305.75 + x) \times 0.15$

これを解いて，$x ≒ 230.43$

総額 ≒ $1305.75 + 230.43 ≒ 1536.18$ → 1536.18ドル

4. a. サンタバーバラーロサンゼルス間
$116 \times 0.44 \times 2 = 102.08$（ドル）

ロサンゼルスーセントルイス間
$116 \times 0.91 \times 1.1 = 116.116$（ドル）

合計 $= (102.08 + 116.116) \times 1.05 = 229.1058 ≒ 229.11$（ドル）
→ 229.11ドル

b. サンタバーバラーロサンゼルス間
$24.5 \times 0.44 \times 2 = 21.56$（ドル） → 最低賃金の22ドルが適用。

ロサンゼルスーセントルイス間
$24.5 \times 0.91 \times 1.1 = 24.52$（ドル） → 最低賃金の30ドルが適用。

合計 $= (22 + 30) \times 1.05 = 54.60$（ドル） → 54.60ドル

5. $240 \times 1.12 = 268.8$ → 268.8ノット

6. 104馬力

7. a. $18/95 = 0.1894\cdots ≒ 0.19$ → 19%

b. $46/115 = 0.4$ → 40%

c. $115/95 = 1.21\cdots$，21%増加 → 21%

d. $46/18 = 2.56$，$2.56 - 1.00 = 1.56$ 増加 → 156%

8. a. 食洗機：486ドル，衣類洗濯機：452.25ドル，テレビ：569.70ドル

b. 食洗機：413.10ドル，衣類洗濯機：384.41ドル，テレビ：484.25ドル

c. $1.35 \times 0.85 = 1.1475$ → 14.75%

9. $\dfrac{171,358}{598,784} = 0.2861\cdots$ → 28.6%

10. $1,250,000 \times 0.056 = 70,000$ → 70,000ドル

11. 満たしていない（5平方フィート超えている）

12. 個人資産100,000ドル，家屋240,000ドルを平等に分けると，
$\frac{(100,000 + 240,000)}{2} = 170,000$ドル
個人資産のうち夫が80,000ドルを得て，妻が残る20,000ドルを得たから，家屋では，妻は170,000 − 20,000 = 150,000を得る。
$\frac{150,000}{240,000} \fallingdotseq 0.625$ → 62.5%

13. 小売価格の35%引き：$78.48 \times (1 - 0.35) \fallingdotseq 51.01$
卸売価格の25%増し：$47.09 \times (1 + 0.25) \fallingdotseq 58.86$
小売価格の35%引きの方が安い。

14. 276.97ドル

15. 1709.02ドル

16. 1か月目　$12,000 \times 0.2 \times (\frac{0.14}{12}) = 28$　　→　28ドル
2か月目　$12,000 \times 0.5 \times (\frac{0.14}{12}) + 28 = 98$　　→　98ドル
3か月目　$12,000 \times 0.3 \times (\frac{0.14}{12}) + 98 = 140$　→　140ドル

17. 社会保障税＋休職保険＋源泉徴収税
$= (1538.46 \times 0.0751) + (1538.46 \times 0.012) + 245.80 \fallingdotseq 379.8$
天引き後の給与は
$1538.46 - 379.8 = 1158.66$
→　1158.66ドル

18. a. 8月8日：5日前なので2%割引
$1432.60 \times (1 - 0.02) \fallingdotseq 1403.95$　→　1403.95ドル

b. 8月24日：21日前なので1432.60ドルのまま　→　1432.60ドル

c. 9月18日：46日過ぎているので
$1432.60 \times (1 + 0.015) \fallingdotseq 1454.09$　→　1454.09ドル

d. 12月20日：4ヵ月遅れているので
$1432.60 \times 1.015^4 \fallingdotseq 1520.51$　→　1520.51ドル

解答

19. 炭水化物：1000カロリー，脂肪：875カロリー，タンパク質：625カロリー

20. 炭水化物 ： $\frac{1000}{4} \times 1.00 = 250$

脂肪 ： $\frac{875}{9} \times 0.1 = 9.722\cdots$

タンパク質： $\frac{625}{4} \times 0.58 = 90.625$

$250 + 9.722 + 90.625 = 350.347 ≒ 350$ → 350g

21. $(8000 - 3000) \times 0.35 + 3000 = 4750$ → 4750ワット

22. a. $(37.9 - 10) \times 0.4 + 10 = 21.16$ → 21.16キロワット

b. $\frac{21,160}{100} = 211.6 < 230$ → 足りる

23. a. $24 \div 77 = 0.311\cdots ≒ 0.31$ → 31%

b. $28 \times 0.88 = 24.64$ → 24件以下

24. 660ドル

25. a. $75 \times 95 \times 0.658 = 4688.25 ≒ 4689$ → 4689ユニット

b. $75 \times 95 \times \frac{0.658}{0.85} = 5515.588 ≒ 5516$ → 5516ユニット

c. $5.28 \times 5516 \times 0.37 = 10,775.253 ≒ 10,776$ → 10,776人

d. $5.28 \times 5516 \times 0.63 = 18,348.4224 ≒ 18,348$ → 18,348人

自動車　$18,348 \times 0.237 ≒ 4348$ → 4348人

トレイラー　$18,348 \times 0.477 ≒ 8752$ → 8752人

テント　$18,348 \times 0.286 ≒ 5248$ → 5248人

26. $150 \times \frac{6}{12} \times 0.05 = 3.75$ → 3.75エーカーフィート

27. $\frac{7-5}{7} = \frac{2}{7} = 0.285\cdots ≒ 0.29$ → 29%

28. $(872.68 + 528.25) \times 0.8 = 1120.744 ≒ 1120.74$ → 1120.74ドル

29. $1746 - (19,438 \times 0.075) = 288.15$ → 288.15ドル

Part 1 一般的な算数・計算：百分率（％）

30. $1611 - (1450 \times 0.24) = 1263$ → 1263ドル

31. $1800 \times 0.9 \times 0.4 = 648$ → 648ドル

32. $2000 - (31200 - 25000) \times 0.2 = 760$ → 760ドル

33. a. $\dfrac{18,000,000}{0.85} ≒ 21,176,470.588 ≒ 21,176,470$
→ 21,176,470ドル

b. $\dfrac{18,000,000}{0.85} \times 1.1 ≒ 23,294,117.647 ≒ 23,294,117$
→ 23,294,117ドル

c. ここで第1シフトでは，最大生産力で稼働する。
$21,176,470 \times 0.9 \times 0.5 + 21,176,470 = 30,705,881.5$
→ 30,705,881ドル

d. $4000 \times \dfrac{25,000,000}{18,000,000} = 5555.55$ → 5,556 時間

34. $\dfrac{3}{47} = 0.0638\cdots > 0.05$ → 高い

$\dfrac{\frac{3}{47}}{0.05} ≒ 1.276$ → 28％高い

35. 3750ドル

36. $\{(217 + 15 + 56 + 213) \times (1 - 0.25) + (10.40 + 5.0)\} \times 2 = 782.3$
→782.30ドル

37. 材料費：$688 \times 0.37 \times 1.065 = 271.106$

作業費：$688 \times (1 - 0.37) = 433.44$

合計　：$271.106 + 433.44 = 704.546 ≒ 704.55$ → 704.55ドル

38. 224インチ

39. a. $33\dfrac{1}{3}$％　b. 25％　c. 11.9％　d. 3.7％

解答

40. a. $\dfrac{42,363 - 38,250}{38,250} \fallingdotseq 0.1075$

$\dfrac{46,850 - 42,363}{42,363} \fallingdotseq 0.1059$

$\dfrac{51,925 - 46,850}{46,850} \fallingdotseq 0.1083$

$\dfrac{57,793 - 51,925}{51,925} \fallingdotseq 0.1130$

$\sqrt[4]{0.1075 \times 0.1059 \times 0.1083 \times 0.1130} \fallingdotseq 0.1086$ → 10.9%

訳注：分野により簡便法として $(0.1075+0.1059+0.1083+0.1130) \div 4 \fallingdotseq 0.1086$ を用いる計算方法もある。

b. $57,793 \times 1.109 \fallingdotseq 64,092 \fallingdotseq 64,090$ → 64,090 冊

41. $5900 \times 0.08 = 472$ → 472 個

42. $\dfrac{(130-10)+(300-240)}{360} = \dfrac{120+60}{360} = \dfrac{180}{360} = \dfrac{1}{2}$ → 50%

43. 1 ガロン $= 8 \times 16 = 128$ オンス

$1.5 \times 128 \times 0.05 = 9.6$ → 9.6 オンス

44. 165 ドル

45. 第 1 センター：9000 ドル，第 2 センター：7000 ドル，第 3 センター：4000 ドル

46. 加える緩衝液の容量を x cc とする。

$(x+20) \times 0.01 = 1$

$x = 80$ → 80 cc

47. $\dfrac{10-6}{6}, \dfrac{14-10}{10}, \dfrac{16-14}{14} \fallingdotseq 0.143 < 0.2$

第 4 回目のテストで，20% より小さくなる。

48. $\dfrac{(506-497)}{497} = 0.0181\cdots \fallingdotseq 1.8$ → 1.8%

49. a. $\dfrac{7,200 \times 28,000}{820,000 \times 26,500} \fallingdotseq 0.00927$ → 0.93%

b. $950,000 \times 0.0093 = 8835 \fallingdotseq 8800$ → 8800 ドル

50. $440 \times \dfrac{27{,}000}{1000} \times (1-0.03) = 11{,}523.6 \quad \to \quad 11{,}523.60$ ドル

51. 印刷すべき枚数を x とすると,$x \times (1-0.25) = 2000$

    これを解いて,$x = 2666.6\cdots ≒ 2667 \quad \to \quad 2667$ 枚

52. $9.3 \times 37 \times (1-0.15) = 292.485 ≒ 292.49 \quad \to \quad 292.49$ ドル

53. $(0.85 \times 324) - (2502 \times 0.1) = 25.2 \quad \to \quad 25.20$ ドル

54. 著者の印税＋出版社の利益

    $= \dfrac{(0.12 \times 1{,}500) + (0.14 \times 4{,}500)}{6{,}000} + 0.07 = 0.205$

    販売価格 $= \dfrac{12.48}{1 - 0.205} = 15.698 ≒ 15.70 \quad \to \quad 15.70$ ドル

55. $220{,}000 \times 0.03 \times 0.6 = 3960 \quad \to \quad 3960$ ドル

56. $198{,}500 \times 0.25 \times 0.0835 = 4143.6875 ≒ 4143.69$

    $\to \quad 4143.69$ ドル

57. 20.3%

58. $53{,}600 \times 0.95 \times 0.06 = 3055.2 \quad \to \quad 3055.20$ ドル

59. 1か月目:$\dfrac{12{,}000 \times 0.15}{12} + 100 = 250 \quad \to \quad 250$ ドル

    2か月目:$\dfrac{(12{,}000 - 100) \times 0.15}{12} + 100 ≒ 248.75 \quad \to \quad 248.75$ ドル

    3か月目:$\dfrac{(12{,}000 - 200) \times 0.15}{12} + 100 ≒ 247.50 \quad \to \quad 247.50$ ドル

60. 利益分配型プラン

    $28{,}400 \times 0.2 \times 0.6 = 3408 \quad \to \quad 3408$ ドル

    掛け金建てプラン

    $28{,}400 \times 0.2 \times 0.4 = 2272 \quad \to \quad 2272$ ドル

61. $30{,}000 \times \dfrac{0.12}{12} = 300 \quad \to \quad 300$ ドル

解答

62. a. $595 \times 0.8 - 102 = 374$, $\dfrac{374}{2} = 187 > 152$

$374 - 152 = 222$ → 222ドル

b. $475 \times 0.8 - 102 = 278$, $\dfrac{278}{2} = 139 < 152$

$278 - 139 = 139$ → 139ドル

63. 積極型成長ファンド： -7.1%

成長収益ファンド： -4.2%

収益ファンド： -1.9% → 収益ファンドがベストであった。

64. a. $1.15 / 20 = 0.0575 > 5.5\%$，株の配当の方が大きい。

b. $\dfrac{1.84}{24\frac{7}{8}} = 1.84 \times \dfrac{8}{199} = 0.0739$

$\dfrac{1.20}{15\frac{3}{4}} = 1.20 \times \dfrac{4}{63} = 0.0761 > 0.0739$

株価 $15\frac{3}{4}$ ドルの方が収益率が高い。

65. a. $\dfrac{0.075}{1.00 - 0.28} \fallingdotseq 0.10417 \fallingdotseq 10.4\%$ → 10.4%

b. $\dfrac{0.08}{1.00 - 0.15} \fallingdotseq 0.0941 \fallingdotseq 9.4\%$ → 9.4%

c. $\dfrac{0.085}{1.00 - 0.28 - 0.08} \fallingdotseq 0.1328 \fallingdotseq 13.3\%$ → 13.3%

66. $30 \times 200 \times 0.5 = 3000$

$3000 - 2000 = 1000$ → 1000ドル

67. a：55,000ドル

b：$55,000 \times 0.3 = 16,500$ → 16,500ドル

c：$55,000 + 16,500 = 71,500$ → 71,500ドル

d：$71,500 \times 0.04 = 2860$ → 2860ドル

e：$71,500 \times 0.146 = 10,439$ → 10,439ドル

総費用：$a + b + c + d + e = 55,000 + 16,500 + 71,500 + 2860 + 10,439 = 156,299$ → 156,299ドル

68. 45.50ドル

69. $78 \times 0.3 \times 0.1 = 2.34$ → 2.34ポンド

70. 50.04ポンド

71. $\frac{250}{10,000} = 0.025$ → 0.025%

統計グラフ (pp.55-62)

1.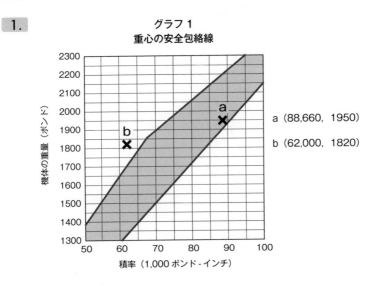

a. 安全包絡線内にある　b. 安全包絡線内にない

2.

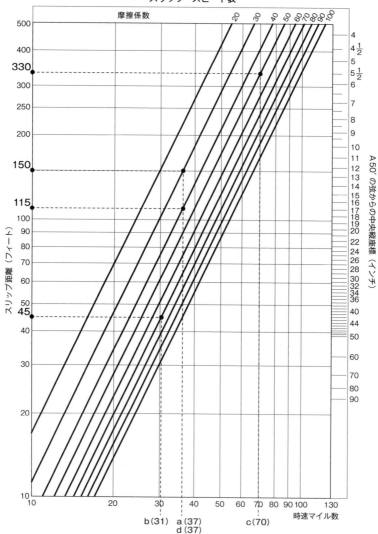

a. 37マイル／時, b. 31マイル／時, c. 70マイル／時, d. 37マイル／時

3.

グラフ2
スリップ‐スピード表

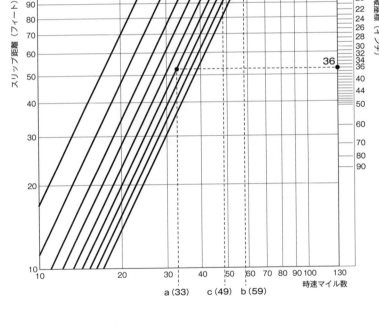

a. 33マイル／時　b. 59マイル／時　c. 49マイル／時

解答

4.

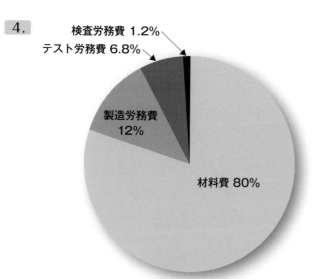

5.

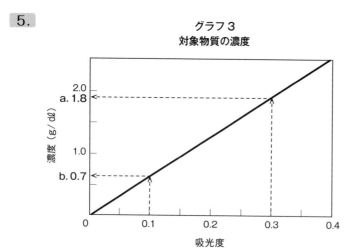

a. 1.8g/dl　b. 0.7g/dl

6. a. 1月　b. 9月　c. 5.75インチ

7. a. 1987年

b. 負傷者数：同じ年ではない, 死亡数：同じ年である(1984年と同じ)

c. 1986年　d. 1987年

8.

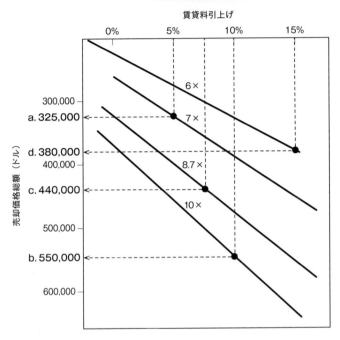

グラフ 8
売却価格対賃貸料引上げ

a. 325,000 ドル　b. 550,000 ドル
c. 440,000 ドル，25,000 ドルの倍数で答える　→　450,000 ドル
d. 380,000 ドル，25,000 ドルの倍数で答える　→　375,000 ドル

9.

スタッフの給与（ドル）当たりの粗利益

解答

その他の項目 (pp.63-68)

1. $\dfrac{180}{60} \times \dfrac{8000}{500} = 48$ → 48マイル手前から降下開始

2. 19,500,000 立方メートル

3. a. 7000   b. 3000   c. 17,000   d. 15,000   e. 7000

4. a. 8ドル   b. 12ドル   c. 14ドル   d. 188ドル   e. 61ドル

5. 25の倍数に丸めると

    a. 266 psi $266 - 250 = 16$, $275 - 266 = 9$
    最も近い25の倍数は275 psiで, 差は15 psi以内

    b. 312 psi $312 - 300 = 12$, $325 - 312 = 13$
    最も近い25の倍数は300 psiで, 差は15 psi以内

    c. 238 psi $238 - 225 = 13$, $250 - 238 = 12$
    最も近い25の倍数は250 psiで, 差は15 psi以内

    d. 329 psi $329 - 325 = 4$, $350 - 329 = 21$
    最も近い25の倍数は325 psiで, 差は15 psi以内

6. a. 5.44   b. 5.73   c. 6.00   d. 5.56

7. 16進数変換ツールを利用して, たとえば16進数は$1AB0_{(16)}$のように表す。
   $1AB0_{(16)} + 3C0_{(16)} = 1E70_{(16)}$ → 1E70

8. 16進数変換ツールを利用して
   $9D974_{(16)} - 9CEC6_{(16)} = 645492_{(10)} - 642758_{(10)} = 2734_{(10)}$ → 2734

9. 8進数変換ツールを利用して
   10進数の93は, 8進数の135 → 135

10. 2進数変換ツールを利用して
    10進数の250は, 2進数の11111010であるから, 8桁になる。
    → 8桁

または250をひたすら2で割り続けて

```
2 ) 250
2 ) 125  … 0
2 )  62  … 1
2 )  31  … 0
2 )  15  … 1
2 )   7  … 1
2 )   3  … 1
2 )   1  … 1
      0  … 1
```

これを矢印の方向に表せば，
11111010
→ 8桁

11. $\{(1500 \times 4 \times 16) + (1650 \times 4 \times 8)\} \div 1000 \times 120 \times 10$
$= 148.800 \div 1000 \times 120 \times 10 = 178,560$
178,560セント＝1785.6ドル　→　1785.6ドル

12. a. 5×10^6　b. 9.7×10^3

13. $\dfrac{(2 \times 10^{-12}) \times 100}{0.5} = 4 \times 10^{-10}$
→　4×10^{-10}ワット

14. 凹部1個取りの場合：金型で，3000ドル
　　@$0.3 \times 3000 \times 0.2 = 180$
　　@$0.25 \times 12,000 \times 0.5 = 1500$
　　@$0.25 \times 20,000 \times 0.3 = 1500$
　　合計：$3000 + 180 + 1500 + 1500 = 6180$　→　6180ドル

凹部2個取りの場合：金型で，4650ドル
　　@$0.17 \times 3000 \times 0.2 = 102$
　　@$0.13 \times 12,000 \times 0.5 = 780$
　　@$0.13 \times 20,000 \times 0.3 = 780$
　　合計：$4650 + 102 + 780 + 780 = 6312$　→　6312ドル

凹部3個取りの場合：金型で，5800ドル
　　@$0.11 \times 3000 \times 0.2 = 66$
　　@$0.09 \times 12,000 \times 0.5 = 540$
　　@$0.09 \times 20,000 \times 0.3 = 540$
　　合計：$5800 + 66 + 540 + 540 = 6946$　→　6946ドル

→　凹部1個取りのコストが最も安い。

解答

15. a. $0.02 \times 0.00045 = 0.000009 \rightarrow 0.000009$
    b. $0.98 \times 0.00016 = 0.0001568 \rightarrow 0.0001568$
    c. $0.02 \times 0.00044 \times 0.70 = 0.00000616 \rightarrow 0.0000062$
    d. $0.02 \times 0.00044 \times 0.30 = 0.0000026 \rightarrow 0.0000026$
    e. $0.02 \times 0.99911 = 0.0199822 \rightarrow 0.0199822$

16. 17.6フィート

17. −12.15ドル

Part 2 実用的な幾何学

計測と換算 (pp.70-76)

1.

$$\frac{69 - 1\frac{1}{2}}{1\frac{1}{4}} + 1 = \frac{135}{2} \times \frac{4}{5} + 1 = 55 \rightarrow 55\text{個}$$

2. [解1] 1ポンド = 0.454 kg

$0.454 \times 1200 = 554$, また $1000 \times \frac{3}{4} = 750$

→ 配達できる

[解2] 1トン ≒ 2000ポンド

$2000 \times \frac{3}{4} = 1500 > 1200$

→ 配達できる

3. 8フィート : $2\frac{2}{3}$ ヤード

   16フィート : $5\frac{1}{3}$ ヤード

   4インチ   : $\frac{1}{9}$ ヤード

4. 120グラム

5. $\frac{1}{4}$ カップ

6. 400ミリグラム

7. 1フィート＝12インチより，

   15フィート6インチ＝186インチ，35フィート3インチ＝423インチ

   図で①のように張る(横張り)の場合 $\frac{186}{5.5} = 33.81\cdots$ よって34枚

   $34 \times \frac{423}{12} = 1198.5$ → 1199フィート

   図で②のように張る(縦張り)の場合 $\frac{423}{5.5} = 76.90\cdots$ よって77枚

   $77 \times \frac{186}{12} = 1193.5$ → 1194フィート

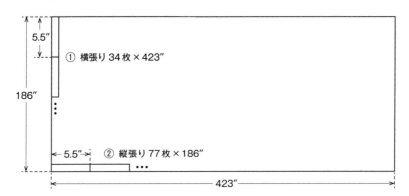

8. 1オンス＝29.57ml

   $29.57 \times 1.606 = 47.48\cdots$ →   47.5ミリリットル

9. 450ガロン／毎分＝2エーカーフィート／24時間より

   1エーカーフィート＝$\frac{450 \times 60 \times 24}{2} = 324{,}000$ → 324,000ガロン

解答

10. $\dfrac{1,000,000}{7.48 \times 15} = 8912.66(秒)$

→ 2時間28分33秒

11. 3744ポンド

12. a.

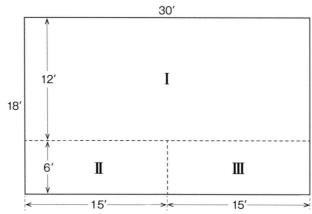

b.

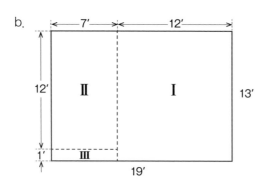

13.

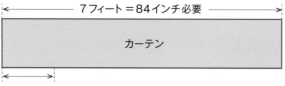

模様が16インチ …… 5.25パターン
↓
6パターン必要

1 フィート ＝ 12 インチ

$\frac{7 \times 12}{16} = 5.25$ （パターン）　模様は6パターン必要

$\frac{16 \times 6}{12} = 8$　→　8 フィート

14. $\frac{(92+12) \times 2}{54} = 3.85$　→　4 幅

15. $2.54 \times 12 \times 3 = 91.44 > 90$　→　ぎりぎり通れる

16. $0.85 \times \frac{1000}{100} = 8.5$　→　8.5 グラム

17. $\frac{12\text{mg} \times 10}{40} = 3$　→　3 ミリモル

18. $43{,}560 \times \frac{1}{12} \times 62.4 = 226{,}512$

    1 トン ≒ 2000 ポンドなので

    $\frac{226{,}512}{2000} = 113.256$　→　113.3 トン

19. 長さ 1.27 センチ，直径 0.635 センチ

20. 6.4 オンス

21. $\frac{16 \times 0.2}{0.8} = 4$　→　4 ミニム

22. 70cc × 0.01 % であるから

    $70 \times 0.0001 \times 1000 = 7$ → 7 ミリグラム

23. a. $\frac{3000}{1100} = 2.7\cdots$　→　3 立方フィート

    b. $\frac{65{,}000}{1100} = 59.0\cdots$　→　59 立方フィート

    c. $\frac{150{,}000}{1100} = 136.3\cdots$　→　136 立方フィート

    d. $\frac{50{,}000}{1100} = 45.4\cdots$　→　45.5 立方フィート

24. 8'6"+6'7"+10'4"+9'2"+4'4"=37'23"=38'11"

    →　38 フィート 11 インチ

解答

25. 大判用紙に印刷するカタログページ数は

$$\frac{17\frac{1}{2}}{8\frac{1}{2}} = 2.05\cdots, \quad \frac{22\frac{1}{2}}{11} = 2.04\cdots$$

2 × 2 = 4 (ページ)

縦と横を変えると

$$\frac{17\frac{1}{2}}{11} = 1.59\cdots, \quad \frac{22\frac{1}{2}}{8\frac{1}{29}} = 2.64\cdots$$

1 × 2 = 2 (ページ)

→ 用紙1枚に4ページ印刷すれば $\frac{8000}{4}$ = 2000 枚

面積と周の長さ (pp.77-89)

1. $1.50 \times \{(60 \times 22) - \frac{25 \times 14}{2}\} = 1717.5$ → 1717.5ドル

2. 510 平方フィート

3. ①7392 ②3705 ③6247.5 ④14,040 ⑤6831.45

4. ①32 × 38 = 1216 → 不可 (面積不足)

②19 × 70 = 1330 → 不可 (幅が不足)

③42 × 35 = 1470 → 可

5. $939 \times 642 + (1637 - 939) \times \frac{642}{2} = 826,896$

$\frac{826,896}{43,560} = 18.98 ≒ 19$ (エーカー)

→ 不足している

6. 2 × (4 + 6) = 20 → 20フィート

7. 19フィート

8. 1ヤード = 3フィート

1マイル = 1760ヤード

$$\frac{24}{3} \times (1760 \times 4.3) \times \frac{0.005}{240} = 1.2613\cdots$$

→ 1.26トン

9. $25 \times (70+50+45+50+110) + \frac{45 \times 45}{2} = 9137.5$ (平方フィート)

$\frac{9137.5}{43,560} = 0.2097\ldots$

→ 0.210エーカー

10. $4 \times (3 \times 13 + 3 \times 9) = 264$ → 264個

11. 1ヤード＝3フィート

$16 \times (\frac{9}{3} \times \frac{80}{3}) = 1280$ → 1280ドル

12. $28 \times 210 \times \frac{18.4 \times 5280}{43,560} = 13114.18$

→ 13,114ドル18セント

13. $3.5 \times 143 \times \frac{9}{2} = 2252.25$ → 約2252人

14. a. 断面積：$(22 \times 8) + (30-22) \times \frac{8}{2} = 208$

　　→ 208平方フィート

　　流速：$\frac{100}{7.5} = 13.333\ldots$

　　→ 毎秒13.3フィート

　　流量：$208 \times 13.333 = 2773.264$

　　→ 毎秒約2773.3立方フィート

　b. 断面積：$5 \times (12+19+22+21+17) + 5 \times \frac{12+7+3+1+2+4+17}{2}$
　　 $= 570$

　　→ 570平方フィート

　　流量：$570 \times 2.5 = 1425$

　　→ 1425立方フィート

15. a. 117平方フィート

　　b. 5.4％

解答

16. $\dfrac{(18\frac{1}{2}\times 32)\times(7\frac{1}{8}\times 32)}{25}=5399.04$

　　→　5399 人

17. 面積：$\{(28\times 22)+(25\times 4)+(6\times 1)+(22\times 23)+(25\times 14)+(16\times 21)$
　　　　$+(3\times 11)+\dfrac{3\times 9}{2}\}=1960.5$

　　保険金：$80\times 1960.5=156{,}840$

　　　→　156,840 ドル

18. $35\times\dfrac{(38+70)\times 72}{12^2}=1890$

　　→　1890 ドル

19. a. $42\dfrac{2}{3}$ 平方ヤード

　　b. 80 フィート

20. 面積：$\{(50\times 50)-(36\times 36)\}\pi\fallingdotseq 1204\times 3.14=3780.56$

　　　→　3780.56 平方フィート

　　費用：$0.78\times 3780.56=2948.8368$

　　　→　2948 ドル 84 セント

21. 314 本

22. $2\pi\times(4.536+\dfrac{0.125}{2})\times\dfrac{65}{360}\fallingdotseq 5.214$

　　→　5.21 インチ

23. $\dfrac{1}{2}$ インチ

24. 527 個

25. $2\pi\times 12\times\dfrac{360-240}{360}\fallingdotseq 25.12$

　　→　25.12 マイル

26. 約 4.6 ガロン、または 5 ガロン（1 ガロン缶 5 個）

27. 足りない

28. $1.6 \times 12 \times \frac{12}{10} = 23.04$

   → 23.04インチ

29. 8818ポンド

30.

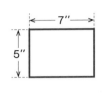

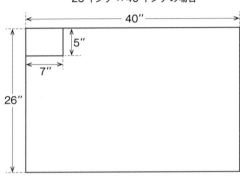

26 インチ×40 インチの場合

5×5＝25枚

■26インチ×40インチの場合：

5×5＝25枚（上図のように並べた場合）or 3×8＝24枚，

よって25枚印刷すると

$\frac{(26 \times 40) - (5 \times 7 \times 25)}{25} = 6.6$

→ 無駄は6.6平方インチ

■23インチ×35インチの場合：

4×5＝20枚 or 3×7＝21枚，

よって21枚印刷すると

$\frac{(23 \times 35) - (5 \times 7 \times 21)}{21} = 3.333…$

→ 無駄は3.3平方インチ

31. 72.7エーカー

32. 31,875平方フィート

33. 328,629ドル

34.

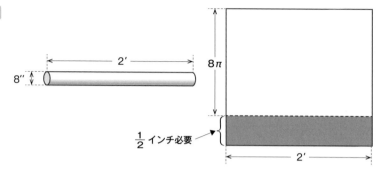

$8\pi = 25.12$ これは約 $25\frac{1}{8}$

$25\frac{1}{8} + \frac{1}{2} = 25\frac{5}{8}$ → $25\frac{5}{8}$ インチ

35. 4000 平方フィート

36. 200 km

37. $\dfrac{2,500,000}{\pi \times 30^2} \fallingdotseq 884.6426$

→ 1日1平方フィート当たり884.6ガロン

体積・容積 (pp.90-95)

1. 12インチ＝1フィート

高さ：2フィート6インチ＝2.5フィート＝$\dfrac{5}{2}$フィート

直径：15インチ＝$\dfrac{15}{12}$フィート, 半径：$\dfrac{15}{12\times 2}=\dfrac{5}{8}$

$\{(\dfrac{5}{8})^2 \pi \times \dfrac{5}{2}\} \times 2500 = \dfrac{125}{128}\pi \times 2500 = 7666.015\cdots$

→ 7666 立方フィート

2. 41.25 立方フィート

3. 494 ガロン

4.

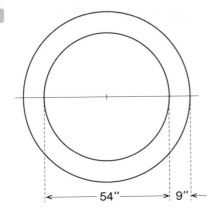

内径54インチなので,半径は27インチ（内径の半径）

27＋9＝36インチ（パイプの半径）

$\pi \left(\dfrac{36}{12\times 3}\right)^2 \times \dfrac{9}{3} - \pi \left(\dfrac{27}{12\times 3}\right)^2 \times \dfrac{9}{3}$

$\fallingdotseq 9.42 - 5.30 = 4.12$

→ 4.12 立方ヤード

5. ヤード単位に換算すると

$\dfrac{15}{12\times 3} \times \dfrac{4}{3} \times \dfrac{160}{3} - \pi \left(\dfrac{3}{12\times 3}\right)^2 \times \dfrac{160}{3}$

$= \dfrac{9600}{324} - \dfrac{9\pi}{1296} \times \dfrac{160}{3}$

$\fallingdotseq 29.63 - 1.16 = 28.47$

→ 28.47 立方ヤード

6. 1マイル＝5,280フィート，1トン＝2000ポンド

$\dfrac{1}{12} \times 24 \times (5280 \times 4.7) \times \dfrac{150}{2000} = 3722.4$

→ 3722.40トン

7. 486 袋

8. 3889ポンド

解答

9. 不十分。12,000 立方フィート分必要

10. 単位をインチにそろえると，$\left(\frac{5}{2} \times \frac{1}{2}\right)^2 \pi \times 65 \times \frac{12}{231} \fallingdotseq 16.56$

→ 16.6 ガロン

11. a. 200,000 エーカーフィート

b. 約 111 年

12. 12,900 立方フィート

13. a. $\frac{4}{3}\pi r^3 \fallingdotseq \frac{5000}{7.48}$

$r^3 \fallingdotseq \frac{5000 \times 3}{7.48 \times 4\pi} \fallingdotseq 159.66$, $r \fallingdotseq 5.425$

$2r \fallingdotseq 2 \times 5.425 = 10.85$

→ 10.85 フィート

b. $x^3 = \frac{5000}{7.48}$（立方フィート），$x = \sqrt[3]{\frac{5000}{7.48}} \fallingdotseq 8.7436$

→ 8.74 フィート

14. 切り出す土の量：$(375 \times 8 \times 0.9) = 2700$

埋め戻す土の量：$650 \times 4 = 2600$

→ 十分ある

1 ヤード＝3 フィートより

$375 \times \dfrac{\frac{8}{3^3}}{3} = 37.037\cdots$ → 37 回か 38 回

15.

（図：コンクリートの土台、8″、24″、120′）

ヤードに換算して

$$\frac{\frac{24}{12}}{3} \times \frac{\frac{8}{12}}{3} \times \frac{120}{3} = \frac{24 \times 8 \times 120}{12 \times 3 \times 12 \times 3 \times 3} = 5.925\cdots$$

→ 5.9 立方ヤード

16. $0.1 \times 0.1 \times 0.1 \times 4 = 0.004$ → 0.004 立方ミリメートル

17. $\pi \left(\frac{56.5}{2}\right)^2 \times \frac{49.5}{1000} \fallingdotseq 124.04$ → 124 cc

18. 単位をフィートに揃えると

a. $\{(5\frac{9}{12} \times 4\frac{3}{12}) + \pi(4\frac{3}{12} \times \frac{1}{2})^2\} \times 4\frac{3}{12}$

$= (5.75 \times 4.25 + 4.52\pi) \times 4.25$

$\fallingdotseq (24.44 + 14.19) \times 4.25 = 164.18$

$164.18 \times 7.48 = 1228.07$

→ 1228 ガロン

b. 5フィート9インチと書かれているところの長さを図のように x フィートとする。

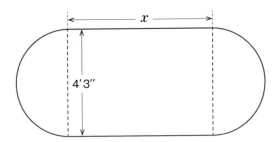

単位をフィートにそろえると，$(4.52\pi + 4.25x) \times 4.25 = \frac{1500}{7.48}$

$18.06x \fallingdotseq 200.53 - 60.32 = 140.21$

$x = 7.763\cdots$

→ 7.76 フィート（約7フィート9インチ）

19. $62.4 \times \pi \left(\frac{6}{2} \times \frac{1}{12}\right)^2 \times 50 \fallingdotseq 612.3$

→ 612 ポンド

解答

20. $4\pi \times 8 \times \frac{24}{4} \times 7.48 ≒ 4509.54 < 5000$ (ガロン)
　→　4510 ガロンだから合格しない

21. $\frac{8.5 \times 11 \times 0.005 \times 8000}{12 \times 17 \times 12} = \frac{3740}{2448} ≒ 1.53$
　→　2 箱必要

22. 64 インチ

23. 183,110.4 ガロン

24. 53.5 フィート

25. 172,800 立方フィート

ピタゴラスの定理 (pp.96-98)

1. 7.2 マイル

2.

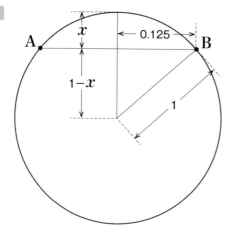

$(1-x)^2 + 0.125^2 = 1$
これを解いて
$x ≒ 1 - 0.99215 = 0.00785$
$0.125 - 0.00785 ≒ 0.1171$
　→　0.117 インチ

3.

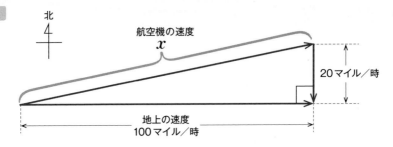

1時間に揃えると

$\sqrt{100^2 + 20^2} = \sqrt{10400} \fallingdotseq 101.98$

→ 時速102マイル

4.

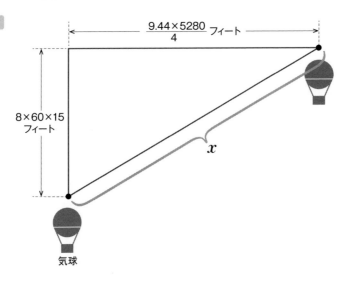

1マイル＝5280フィート

水平距離：$5280 \times 9.44 \times \frac{15}{60} = 12,460.8$（フィート）

高さ：$8 \times 60 \times 15 = 7200$（フィート）

打ち上げ地点からの距離をxとすると，

$x^2 = 12,461^2 + 7200^2$

$x = \sqrt{207,116,521} = 14,391.54\cdots$

→ 14,400フィート

解答

5. 43.3ミリ

6. 51インチ

Part 3 初歩の代数

数式 (pp.100-120)

1. 35.3%

2. a. $D=66.8$

   b. $D=213.8$

3. 空港までの時間を，式に従って求めると
$$\frac{140\,(秒)}{100-90\,(度)} = \frac{140}{10} = 14\,(分)$$

   空港までの距離は
$$120 \times \frac{14}{60} = 28 \quad \rightarrow \quad 28\,海里$$

4. $\dfrac{55{,}000 \times (6{,}500 + 23{,}500)}{75{,}000} = 22{,}000$

   → 22,000ドル

5. $S = \sqrt{8 \times 0.2 \times 0.1 - 4 \times (0.1)^2} = \sqrt{0.16 - 0.04} \fallingdotseq 0.3464$

   → 0.35 mm

6. a. $L = \dfrac{25 \times 4^4}{8^2} = 100 \quad \rightarrow \quad 100\,トン$

   b. $L = \dfrac{25 \times 6^4}{10^2} = 324 \quad \rightarrow \quad 324\,トン$

7. $L = 2\pi \times 260 \times \dfrac{120}{360} \fallingdotseq 544.267 \quad \rightarrow \quad 544.3\,フィート$

8. a. $M = \dfrac{(-2-3) \times 6}{8} = -3.75 \rightarrow -3.75$ フィート

b. $C = \dfrac{4 \times (-3.75) \times 2^2}{6^2} \fallingdotseq -1.666 \rightarrow -1.67$ フィート

c. $-1.67 + 364.00 = 362.33 \rightarrow 362.33$ フィート

9. $\dfrac{5000}{180 \times 3 \times 10^7 \times 11.2 \times 100^2} \times (3 \times 32^4 - 10 \times 100^2 \times 32^2 + 7 \times 100^4)$

$= \dfrac{5000 \times (6.00 \times 10^8)}{(6.048 \times 10^{14})} \fallingdotseq 5 \times 10^{-3} = 0.005$

$\rightarrow$ 0.005 インチ

10. $\dfrac{144}{480 \times \sqrt{3}} = \dfrac{144}{480 \times 1.732} \fallingdotseq 0.1732$

$\rightarrow$ 0.173 アンペア

11. $\dfrac{3100 \times 4 \times 0.75 \times 0.5}{96} = 48.43$

$\rightarrow$ 48.4 フィート燭

12. $I = \dfrac{3 \times 1700}{115} \fallingdotseq 44.34$

$\rightarrow$ 44.3 アンペア

13. $P = \dfrac{1300 \times 0.0924 \times 0.29}{16} = 2.177\cdots$

$\rightarrow$ 毎時 2.18 ポンド

14. $V = \dfrac{6400 \times (2.3 + 0.6 + 1.4 + 0.8)}{108} \fallingdotseq 302.222$

$\rightarrow$ 302.2 立方ヤード

15. 58.5%

16. $\text{KWH} = \dfrac{1.024 \times 150 \times 500}{0.65} = 118{,}153.84$

$\rightarrow$ 118,200 キロワット時

17. $HP = \dfrac{900 \times 145}{3960 \times 0.62} \fallingdotseq 53.15$

$\rightarrow$ 53 馬力

解答

18. $D = \dfrac{400 \times 4 \times 5}{450 \times \dfrac{1}{2}} \fallingdotseq 35.555$

→ 36インチ

19. $V = 12.14 \times \sqrt{65} \fallingdotseq 97.87$

→ 毎秒98フィート

20. $Q = 29.7 \times 1.25^2 \times \sqrt{50}$

$= 29.7 \times 1.56 \times 7.07 \fallingdotseq 327.567$

→ 毎分328ガロン

21. $FL = (2 \times 3.5^2 + 3.5) \times 2.75 \fallingdotseq 77$

→ 77 psi

22. $\dfrac{\dfrac{11}{8} - \dfrac{3}{4}}{\dfrac{1}{8}} = 5$

$S = (0.5 \times 86 + 26) + 5 \times 5 = 94$

→ 94フィート

23. 地域1：$D = 2 \times 1 + 6 = 8$

地域2：$D = 2 \times 10 + 3 = 23$

地域3：$D = 2 \times 5 + 7 = 17$

→ 被害の大きさは地域2, 地域3, 地域1の順

24. かかるコストの現在価値は

$\dfrac{45{,}000}{1.1^1} + \dfrac{90{,}000}{1.1^2} + \dfrac{30{,}000}{1.1^4} \fallingdotseq 135{,}779.658$

10年後の利益の現在価値は

$\dfrac{6{,}500{,}000}{1.1^{10}} = 2{,}506{,}031.5$

よって，利益対コスト比率 $= \dfrac{2{,}506{,}031.5}{135{,}779.658} \fallingdotseq 18.5$

25. 最初の式から：$Q = \dfrac{80 \times 205}{80+205} = 57.5$

2番目の式から：$Q = 4 \times (3 \times 22 - 50) = 64$

→ 58人または64人

26. 10フィート=120インチ，$\dfrac{1}{4}$インチ=0.25インチ

よって，傾斜度は，$\dfrac{0.25}{120}$

$F ≒ 15{,}000 \times \dfrac{0.25}{120} ≒ 31.25$

→ 31.25ポンド

27. $\dfrac{41}{4} = 10.25$ガロン

$\dfrac{10.25 \times 231}{6857 \times 0.65} = 0.531237$

→ 0.5312インチ

28. $V = \sqrt{30 \times 0.40 \times 225} ≒ 51.96$

→ 時速52マイル

29. 半径：$\dfrac{3 \times 45^2}{2 \times 13} + \dfrac{13}{24} ≒ 234.19$

$V = \sqrt{15 \times 234 \times 0.60} ≒ 45.89$

→ 時速46マイル

30. $F = \dfrac{55^2}{30 \times 320} = \dfrac{3025}{9600} = 0.3151$

→ 摩擦係数は0.32

31. $PR = \dfrac{96.3 \times 80}{20 \times 15} = 25.68$

→ 毎時25.68インチ

32. $S = \dfrac{86.7 - 83.2}{50} = \dfrac{3.5}{50} = 0.07$

→ 勾配は7%

33. $d = 1.1547 \times 1.3750 ≒ 1.5877125$

→ 直径1.5877インチ

解答

34. $C = \dfrac{0.285 \times 3.1}{6.22 \times 10^3 \times 0.1} \fallingdotseq 0.0014204$

→ 1.42×10^{-3}

35. $D = \dfrac{5600}{2 \times \sqrt{3.14 \times 1,542,600}} \fallingdotseq 1.272$ → 1.27

36. $V_i = (43,560 \times 160 \times 40) \times \{0.22 \times (1-0.23)\} \times (\dfrac{520}{673} \times \dfrac{3250}{14.65} \times \dfrac{1}{0.91})$

$\fallingdotseq 278,784,000 \times 0.1694 \times 188.462$

$\fallingdotseq 8.900 \times 10^9$

$V_L = (43,560 \times 160 \times 40) \times \{0.22 \times (1-0.23)\} \times (\dfrac{520}{673} \times \dfrac{500}{14.65} \times \dfrac{1}{0.951})$

$\fallingdotseq 278,784,000 \times 0.1694 \times 27.754$

$\fallingdotseq 1.311 \times 10^9$

よって, $V_R = V_i - V_L = (8.900 - 1.311) \times 10^9 = 7.589 \times 10^9$

→ 7.589×10^9 立方フィート

37. $\dfrac{80+40}{80} = 1.5$ → 1.5

38. $\sqrt{\dfrac{2 \times 500 \times 1}{0.89 \times 0.18}} \fallingdotseq 79.0075$

→ 79 個

39. $Q = 0.0679 \times 1518.5 \times (70-30) = 4124.216$

→ 4100 BTU／時

40. $M = \dfrac{24 \times 28,600 \times 545}{40} = 9,352,200$

→ 9,352,200 BTU／月

41. $H = 31 \times 50 \times 8.33 \times 80 = 1,032,920$

→ 1,032,920 BTU／月

42. a. $S = 2118 \times 0.58 \times 0.68 \times 31 \times 180$

$= 4,661,192.7$ BTU

→ 4.66×10^6 BTU／月

b. $\dfrac{4.42}{5.84} = 0.7568\cdots$ → 約76%

43. 半径835フィート

44. 20アンペア

45. $P = 100 \times 20 \times 1.2 = 2400$ ワット
→ 2400ワット

46. a. $GP = N - (0.03N + T + 0.14T)$
$= 0.97N - 1.14T$
→ $GP = 0.97N - 1.14T$

b. $GP = 0.97 \times 2932.50 - 1.14 \times 1955$
$= 615.825$
→ 総利益は615ドル83セント

47. a. $x = \dfrac{0.12 \times (7.50 + 0.14)}{0.12 - 0.03} = 10.1866\cdots$
→ \$10.19

b. → 8.38ドルは $x = 10.19$ ドルよりも低いので,総利益に基づく手数料を払う方が安い

48. $A = 8.34 \times 8 \times 30 = 2001.6$
→ 2001.6ポンド

49. $T = \dfrac{22{,}000{,}000}{1{,}500{,}000} = 14.666\cdots$
→ 14.7日

一次方程式 (pp.121-129)

1. 1,125,000ドル

2. $P + 0.06P = 14.71$
$P = \dfrac{14.71}{1.06} = 13.877\cdots$
$14.71 - 13.88 = 0.83$
→ パーツの価格:13.88ドル, 税金:0.83ドル

解答

3. $x + 2x + 2x + 3x = 27$

   $x = \dfrac{27}{8} = 3.375$

   セメント：3.375 立方フィート

   水：3.375×2 = 6.75 立方フィート

   骨材：3.375×2 = 6.75 立方フィート

   砂：3.375×3 = 10.125 立方フィート

4. a.

   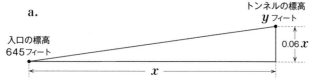

   a. $y = 0.06x + 645$

   b. $y = 0.06 \times 3800 + 645 = 873$

   　→　873 フィート

5. 基礎材にかかる費用を x とする。

   $x + 2x + \dfrac{2}{4}x = 280{,}000$

   $x = 80{,}000$

   基礎材：80,000 ドル

   車道：160,000 ドル

   歩道：40,000 ドル

6. a. 実際の長さを x とする。

   $x + (105 - 68) \times 0.00000645 x = 503.25$

   $x(1 + 37 \times 0.00000645) = 503.25$

   $x = \dfrac{503.25}{1.00023865} \fallingdotseq 503.13$

   　→　503.13 フィート

b. 実際の長さを x とする。

$x - (68 - 48) \times 0.00000645 x = 1134.75$

$x(1 - 0.000129) = 1134.75$

$x = \dfrac{1134.75}{0.999871} \fallingdotseq 1134.90$

→ 1134.90 フィート

7. $80 = \dfrac{(0.8 \times 0.6) x}{9 \times 14}$

$0.48 x = 10{,}080$

$x = 21{,}000$

→ 21,000 ルーメン

8. 60 アンペア

9. $x = 0.5 a t^2$

$a = \dfrac{x}{0.5 t^2} = \dfrac{0.52}{0.5 \times (0.05)^2} = 416$

$T = 416 \times 0.04 = 16.64$

→ 16.64 トルク

10. a. $E = IR$, $R = \dfrac{E}{I}$

b. 220 ボルト

c. 0.07 オーム

11. $T = \dfrac{450 AD}{RP} = \dfrac{450 \times \frac{1}{2} \times 30}{450 \times 9} = 1.666 \cdots$

→ 1.67 時間（1 時間 40 分）

12.

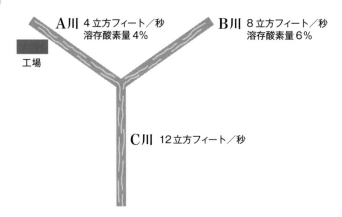

a. $\dfrac{4\times 0.04 + 8\times 0.06}{4+8} \fallingdotseq 0.0533 \rightarrow 5.3\%$

b. A川の溶存酸素レベルをxとする。

$\dfrac{4x + 8\times 0.06}{12} = 0.055$

$4x = 12\times 0.055 - 0.48$

$x = 0.045$

$\rightarrow 4.5\%$

13. a. 勤労所得をE, 純利益をN, 掛金をCとする。

$C = 0.25E$ より, $E = 4C$

$E = N - C$ より, $4C = N - C$

$\therefore 5C = N, \ C = \dfrac{N}{5}$

$\rightarrow 20\%$

b. $33{,}000 \times 0.2 = 6600$

$\rightarrow 6600$ドル

14. $MCV = \dfrac{10Hct}{RC}$

15. a. $R = \dfrac{D}{T}, \ T = \dfrac{D}{R}$

b. $R = \dfrac{48}{\frac{16}{5}} = 15 \rightarrow 15$ノット

c. $T = \dfrac{31}{9} ≒ 3\dfrac{26.7}{60}$

→ 3時間27分

16. $P = F$ であるので，$p\pi r^2 = 2\pi rst$

$t = \dfrac{p\pi r^2}{2\pi rs} = \dfrac{pr}{2s} = \dfrac{75 \times 30}{2 \times 30{,}000} ≒ 0.0375$ フィート

$0.0375 \times 12 = 0.45$

→ 0.45インチ

17. 加える水の量を x cc とする。

$25 \times 0.95 = 0.5 \times (25 + x)$

$23.75 = 12.5 + 0.5x$

$x = \dfrac{11.25}{0.5} = 22.5$ → 22.5 cc

18. 56.25グラム

19. 603通

20. $x - 0.122x - 0.055 \times (7.88 + 0.122x) = 7.88$

$(1 - 0.122 - 0.00671)x = 7.88 + 0.4334$

$x = 9.5414\cdots$

→ 9.54ドル

21. $Bx = G[x - (r + t)]$

$Gx - Bx = G(r + t)$

$(G - B)x = G(r + t)$

→ $x = \dfrac{G(r + t)}{G - B}$

22. 基本料金：459.00ドル

手数料：32.13ドル

23. $C = \dfrac{A}{8.34F} = \dfrac{1500}{8.34 \times 6.5} = 27.6701\cdots$

→ 27.7 ppm

24. 2080万ガロン

文献一覧

Anthony Schools. *The Real Estate Handbook*, 1976.

Ashton, Floyd M. *et al*. *Weed Control Workbook*. Cooperative Extension, University of California, 1959

Carman, Robert A. and Saunders, Hal M. *Mathematics for the Trades*. John Wiley and Sons, 1981, 1986.

Cooperative Extension, University of California. "Estimating Power Cost for Pumping Irrigation Water in the Southern California Edison Company Area." May, 1977.

Department of Transportation, Federal Aviation Administration. *Airframe and Power Plant Mechanics General Handbook*. AC 65-9. Flight Standards Service, 1970.

Garland, J. D. National Electrical Code. 2d ed. Prentice-Hall, 1977.

Inter-Agency Agricultural Information Task Force. "Irrigation: When and How Much."

International Association of Plumbing and Mechanical Officials, *Uniform Plumbing Code*. 1976 ed. 1975

Marr, James C. *Grading Land for Surface Irrigation*. Circular 438. California Agricultural Experiment Station Extension Service. University of California, 1957.

McCoy, Jim. *Region 5 Constructor's and Inspector's Self-Study Courses*. U. S. Forest Service, 1969.

Pryor, Murray R. et al. *Weed Control Handbook*. California Department of Agriculture, State of California.

Santa Barbara Police Department. *Annual Report*. 1976.

Shepperd, Fred. *Fire Service Hydraulics*. R. H. Donnelley Corp., 1967.

State Water Resources Control Board. *Operator Certification Examinations, Grades I and II*. October 25, 1975.

U. S. Forest Service. *RIM Handbook*. Forest Service Handbook 2309.11 (R-5 Supplement No.8, August 1970. R-5 Supplement No.14, September 1974.)

MEMORANDUM

MEMORANDUM

MEMORANDUM

MEMORANDUM

MEMORANDUM

【訳者紹介】

森　園子(もり　そのこ)

略　歴	津田塾大学数学科卒業
	立教大学大学院理学研究科数学専攻博士後期課程満期退学(1984)
	米国イリノイ州立大学コンピュータサイエンス学科デジタルコンピュータ研究所(DCL)客員研究員(2000～2001)
現　在	拓殖大学名誉教授　理学修士
専門分野	情報科学，数学および数学教育
主要著書	『こんな数学やってみませんか？　101の課題』(共訳)，東京書籍(1997)
	『文科系学生のためのデータ分析とICT活用』(共著)，共立出版(2015)
	『大学生の知の情報スキル』(編著)，共立出版(2017)

猪飼輝子(いかい　てるこ)

略　歴	津田塾大学英文科卒業(1965)
	翻訳・通訳に従事(1965～)
	米国在住(1969～1972)
	津田塾大学英文科研究室勤務(1972～1973)
	ILS JAPAN(英国放送協会(BBC)関連会社)勤務(1977～1986)
主要訳書	『ワシントン条約データブック1,2,3』(WWF+TRAFFICの翻訳作業)，環境庁(1986)
	『組換えDNA実験』(共訳)，東京化学同人(1987)
	『トレーニング・ユア・ドッグ―愛犬をしつける―』，日本動物病院福祉協会(1996)

二宮智子(にのみや　ともこ)

略　歴	津田塾大学数学科卒業(1968)
	元玉川大学経営学部教授　理学博士
現　在	大阪商業大学客員教授　国本学園理事
専門分野	多値論理，数学および統計教育
主要著書	『国際経済と経営』(共著)，玉川大学出版部(2002)
	『経営学部の基礎知識』(共著)，玉川大学出版部(2010)
	『文科系学生のためのデータ分析とICT活用』(共著)，共立出版(2015)

この数学，
いったい いつ使うことになるの？
When Are We Ever Gonna Have to Use This?

2019年5月30日　初版1刷発行
2023年9月5日　初版3刷発行

訳　者　森 園子・猪飼輝子・二宮智子 ©2019
原著者　Hal Saunders（ハル サンダース）
発行者　南條 光章
発行所　共立出版株式会社
　　　　〒112-0006
　　　　東京都文京区小日向4丁目6番19号
　　　　電話　03-3947-2511（代表）
　　　　振替口座　00110-2-57035
　　　　www.kyoritsu-pub.co.jp

DTP
デザイン　祝デザイン

印　刷　新日本印刷
製　本　協栄製本

一般社団法人
自然科学書協会
会員

検印廃止
NDC 410, 366.29
ISBN 978-4-320-11377-0

Printed in Japan

JCOPY ＜出版者著作権管理機構委託出版物＞
本書の無断複製は著作権法上での例外を除き禁じられています．複製される場合は，そのつど事前に，
出版者著作権管理機構（TEL：03-5244-5088，FAX：03-5244-5089，e-mail：info@jcopy.or.jp）の
許諾を得てください．

数学のかんどころ

編集委員会：飯高 茂・中村 滋・岡部恒治・桑田孝泰

① 内積・外積・空間図形を通して **ベクトルを深く理解しよう**
　飯高 茂著・・・・・・・・・・・・120頁・定価1,650円

② 理系のための行列・行列式 めざせ！理論と計算の完全マスター
　福間慶明著・・・・・・・・・・・・208頁・定価1,870円

③ 知っておきたい幾何の定理
　前原 濶・桑田孝泰著・・・・176頁・定価1,650円

④ 大学数学の基礎
　酒井文雄著・・・・・・・・・・・・148頁・定価1,650円

⑤ あみだくじの数学
　小林雅人著・・・・・・・・・・・・136頁・定価1,650円

⑥ ピタゴラスの三角形とその数理
　細矢治夫著・・・・・・・・・・・・198頁・定価1,870円

⑦ 円錐曲線 歴史とその数理
　中村 滋著・・・・・・・・・・・・158頁・定価1,650円

⑧ ひまわりの螺旋
　来嶋大二著・・・・・・・・・・・・154頁・定価1,650円

⑨ 不等式
　大関清太著・・・・・・・・・・・・196頁・定価1,870円

⑩ 常微分方程式
　内藤敏機著・・・・・・・・・・・・264頁・定価2,090円

⑪ 統計的推測
　松井 敬著・・・・・・・・・・・・218頁・定価1,870円

⑫ 平面代数曲線
　酒井文雄著・・・・・・・・・・・・216頁・定価1,870円

⑬ ラプラス変換
　國分雅敏著・・・・・・・・・・・・200頁・定価1,870円

⑭ ガロア理論
　木村俊一著・・・・・・・・・・・・214頁・定価1,870円

⑮ 素数と2次体の整数論
　青木 昇著・・・・・・・・・・・・250頁・定価2,090円

⑯ 群論，これはおもしろい トランプで学ぶ群
　飯高 茂著・・・・・・・・・・・・172頁・定価1,650円

⑰ 環，これはおもしろい 素因数分解と循環小数への応用
　飯高 茂著・・・・・・・・・・・・190頁・定価1,650円

⑱ 体論，これはおもしろい 方程式と体の理論
　飯高 茂著・・・・・・・・・・・・152頁・定価1,650円

⑲ 射影幾何学の考え方
　西山 享著・・・・・・・・・・・・240頁・定価2,090円

⑳ 絵ときトポロジー 曲面のかたち
　前原 濶・桑田孝泰著・・・・128頁・定価1,650円

㉑ 多変数関数論
　若林 功著・・・・・・・・・・・・184頁・定価2,090円

㉒ 円周率 歴史と数理
　中村 滋著・・・・・・・・・・・・240頁・定価1,870円

㉓ 連立方程式から学ぶ行列・行列式 意味と計算の完全理解
　岡部恒治・長谷川愛美・村田敏紀著・・・・・232頁・定価2,090円

㉔ わかる！使える！楽しめる！ベクトル空間
　福間慶明著・・・・・・・・・・・・198頁・定価2,090円

㉕ 早わかりベクトル解析 3つの定理が織りなす華麗な世界
　澤野嘉宏著・・・・・・・・・・・・208頁・定価1,870円

㉖ 確率微分方程式入門 数理ファイナンスへの応用
　石村直之著・・・・・・・・・・・・168頁・定価2,090円

㉗ コンパスと定規の幾何学 作図のたのしみ
　瀬山士郎著・・・・・・・・・・・・168頁・定価1,870円

㉘ 整数と平面格子の数学
　桑田孝泰・前原 濶著・・・140頁・定価1,870円

㉙ 早わかりルベーグ積分
　澤野嘉宏著・・・・・・・・・・・・216頁・定価2,090円

㉚ ウォーミングアップ微分幾何
　國分雅敏著・・・・・・・・・・・・168頁・定価2,090円

㉛ 情報理論のための数理論理学
　板井昌典著・・・・・・・・・・・・214頁・定価2,090円

㉜ 可換環論の勘どころ
　後藤四郎著・・・・・・・・・・・・238頁・定価2,090円

㉝ 複素数と複素数平面 幾何への応用
　桑田孝泰・前原 濶著・・・148頁・定価1,870円

㉞ グラフ理論とフレームワークの幾何
　前原 濶・桑田孝泰著・・・150頁・定価1,870円

㉟ 圏論入門
　前原和壽著・・・・・・・・・・・・・・・・・品 切

㊱ 正則関数
　新井仁之著・・・・・・・・・・・・196頁・定価2,090円

㊲ 有理型関数
　新井仁之著・・・・・・・・・・・・182頁・定価2,090円

㊳ 多変数の微積分
　酒井文雄著・・・・・・・・・・・・200頁・定価2,090円

㊴ 確率と統計 一から学ぶ数理統計学
　小林正弘・田畑耕治著・・224頁・定価2,090円

㊵ 次元解析入門
　矢崎成俊著・・・・・・・・・・・・250頁・定価2,090円

㊶ 結び目理論
　谷山公規著・・・・・・・・・・・・184頁・定価2,090円

（価格は変更される場合がございます）

www.kyoritsu-pub.co.jp 　共立出版　【各巻：A5判・並製・税込価格】